UNE AGRÉABLE VISITE

AUX

GRANDS CRUS DE FRANCE

ET DE L'ÉTRANGER

PAR

J. GONDRY DU JARDINET.

AUTEUR DE *la Main invisible*,
DU *Drame dans la Forêt-Noire, etc., etc.*

PARIS

E. DE SOYE ET FILS, IMPRIMEURS,

PLACE DU PANTHÉON, 5.

1874

UNE AGRÉABLE VISITE

AUX

GRANDS CRUS DE FRANCE

ET DE L'ÉTRANGER

Paris. — E. DE SOYE et FILS, imprimeurs, place du Panthéon, 5.

UNE AGRÉABLE VISITE

AUX

GRANDS CRUS DE FRANCE

ET DE L'ÉTRANGER

PAR

J. GONDRY DU JARDINET.

PARIS

E. DE SOYE ET FILS, IMPRIMEURS,

PLACE DU PANTHÉON, 5.

1874

UNE AGRÉABLE VISITE

AUX

GRANDS CRUS DE FRANCE

ET

DE L'ÉTRANGER

AVANT LE DÉPART.

Je suis curieux. C'est là mon moindre défaut. Depuis longtemps déjà, je me propose de faire une petite excursion dans les pays vignobles, d'aller voir chez eux, ces consolateurs dont il ne faut pas abuser : *les grands crus de France et de l'étranger.* Je n'ai pas la prétention de voir le nectar couler, chaque jour, à grands flots sur ma table, mais quand je me donne le luxe ou la fantaisie de boire un verre de Château Laffitte, de Clos Vougeot ou de Johannisberg, je suis assez désireux de savoir si on ne me sert pas un vin reduit au centième degré et qui n'a plus, de grand cru, que le nom.

S'il vous plaît, amis lecteurs, de me suivre, nous ferons ensemble un petit voyage dans les contrées vinicoles de France ; puis nous demanderons l'hospitalité du prince de Metternich, l'heureux propriétaire du Johannisberg. De là, nous ferons une petite digression vers la Hongrie renommée pour son Tokay. Nous irons passer l'hiver en Italie et y savourer le Lacryma-Christi.

Je pars, amis lecteurs, qui m'aime, me suive.

PREMIÈRE HALTE.

VOUVRAY.

A deux lieues de Tours, sur les bords de la Loire qui s'écoule tranquille à travers un site enchanteur, à Vouvray, on récolte les meilleurs vins blancs de la Touraine. J'y vis les vignerons suivre avec bonheur les progrès de la nature, sur les coteaux couverts de raisins qui mûrissaient aux rayons du soleil.

A Vouvray je fus assez heureux pour rencontrer d'abord un homme qui, aux connaissances du vigneron, à l'urbanité du grand propriétaire, joignait aussi l'expérience que l'on acquiert en voyageant. Il avait fait un immense commerce, dans sa jeunesse, avec la Belgique et la Hollande; il en connaissait les habitudes. Je regrette de n'avoir pas conservé le nom de ce bon vieillard.

C'est que je voyageais alors en égoïste; je ne pensais nullement à écrire mes voyages; ce n'est qu'à

Bordeaux que cette pensée me vint. Si mon hôte de quelques heures lit ces lignes qu'il apprenne mes regrets et qu'il reçoive la nouvelle expression de ma reconnaissance.

M. X..., — puisque je ne puis pas l'appeler par son nom — nous montra une cave, la sienne, qui est certes la plus belle cave qui soit oncques sous la calotte des cieux.

Figurez-vous une cave creusée dans le roc, assez large pour contenir, sur quatre rangées, six mille tonneaux de deux cent cinquante litres.

Après avoir manifesté mon étonnement et mon admiration, je m'adressai à M. X... et je lui dis :

— Cette cave est un monument. Vous devez être bien riche pour vous permettre de telles dépenses.

— Tous les propriétaires de la Touraine ont des caves, plus ou moins grandes, c'est vrai, mais toutes creusées dans le roc. C'est une nécessité; nos vins blancs sont très-doux et même liquoreux, la première année; ils fermenteraient s'ils n'étaient pas dans une continuelle fraîcheur. En vieillissant, cette liqueur se convertit en spiritueux; ils deviennent alors moelleux, d'un goût fort agréable, et fort capiteux.

Nos vins de choix sont assez recherchés, sans que toutefois ils puissent être considérés comme *vins fins*. C'est surtout en Belgique et en Hollande qu'ils sont prisés à leur juste valeur. Dans ces pays, on est accoutumé à boire des vins de grand prix, parce que la bière étant la boisson ordinaire, le vin est un objet de luxe. Là, il n'est pas rare de rencontrer des caves qui possèdent 10,000 à 15,000 bouteilles des différents crus renommés, depuis 1811, c'est-à-dire l'année dite de la *Comète,* la grande année, ajouta-t-il avec enthousiasme.

Lorsque le bon vieillard fut revenu de son enthousiasme, qui lui avait rendu pour un moment l'ardeur de la jeunesse, il ajouta :

— Mais je me suis laisser entraîner par mes souvenirs, monsieur. Mille pardons de vous avoir parlé de choses qui ne peuvent guère vous intéresser.

— Bien au contraire, monsieur. Je me permettrai même de recourir encore à vos lumières, si vous m'y autorisez.

— Avec le plus grand plaisir.

— Vous me disiez tout à l'heure que le vin de Vouvray ne pouvait guère être compris dans la catégorie des vins fins de France. Comme je me propose de visiter les vignobles les plus importants de ce pays, il me serait fort agréable et utile de connaître l'échelle qui sert en quelque sorte à mesurer ou à classer les vins.

— Mon Dieu, monsieur, c'est bien simple. Je vais vous l'apprendre en quelques mots.

Les vins sont divisés en cinq classes, dont la première renferme les vins de qualité supérieure que l'on récolte dans un petit nombre de crus ; la seconde comprend les vins qui rivalisent avec les précédents, et que les gourmets exercés peuvent seuls distinguer : ces crus sont plus nombreux ; la troisième se compose des vins fins et demi-fins, qui, sans avoir les qualités

1.

des précédents, sont cependant considérés comme vins d'entre-mets; dans la quatrième on remarque les bons vins ordinaires, qui se distinguent des vins communs, formant la cinquième classe.

C'est ainsi que les vins blancs de Roche-Corbon et de Vernon, situés à une lieue de Vouvray, sur la rive droite de la Loire, et ceux de Montlouis, sur la rive gauche, peuvent être classés parmi les bons vins ordinaires de France, tandis que les vins de tous les autres vignobles de la Touraine doivent être rélégués dans la cinquième catégorie.

La Touraine produit aussi des vins rouges, mais ceux de Joué même, qui sont les plus estimés, ne peuvent être classés au-dessus des vins communs.

Voilà la théorie. Passons maintenant à la pratique, ajouta-t-il avec finesse, en coupant les ficelles qui retenaient le bouchon d'une bouteille dont le duvet indiquait l'honorable vieillesse.

— Me permettez-vous, me dit-il, en versant une liqueur jaunâtre qui pétillait dans le verre, de faire encore une comparaison avec la Belgique. Ici, nous aimons le vin blanc de nos contrées tel que la nature nous le donne; il mousse vous le voyez. Là, au contraire, on supplée souvent au sucre naturel par un sucre artificiel, si je puis m'exprimer ainsi. Puis, on soufre fortement afin d'empêcher la fermentation. Aussi le vin blanc de la Touraine, y est-il servi le matin parce qu'il est doux, tandis que chez nous, il forme le bouquet de nos festins.

— Tout ce que vous me dites, monsieur, me fait bien désirer d'assister à vos vendanges.

— Aux vendanges ! Dans la Tourraine !

— Oui. D'où vient votre étonnement ?

— Vous devrez revenir vers le commencement de novembre, à moins que vous ne nous fassiez l'amitié de rester avec nous jusque-là ; ce que je désire plus que je n'ose l'espérer.

Ici on attend pour la cueillette que le raisin ait acquis la plus grande maturité possible. C'est ce qui produit le sucre et distingue nos vins. Mais il n'en est pas de même dans le Bordelais, où vous vous proposez, je crois, de vous rendre. Là, vous pourrez assister, dans quelques jours, à la cueillette et à la préparation des vins.

Le léndemain, je partis désireux de me rendre dans le Bordelais, et de m'instruire en m'amusant pendant les vendanges.

Comment on guérit les vins devenus amers.

— Pouah ! fis-je avec une grimace significative après avoir dégusté un vin qu'on m'offrait comme excellent. Que m'avez-vous donné-là, M. K*** ?

— Mais qu'éprouvez-vous donc, Monsieur ?

— Goûtez vous-même. Ce vin est d'une amertume...

— Mille pardons, monsieur, j'oubliais qu'on a soutiré dernièrement toute une partie de vin, devenu amer, et qu'on l'a mis au lieu et place de quatre vingt pièces de bon vin qui forment la cuvée, dont je vous ai parlé, et que vous trouverez, j'en suis sûr, excellente.

— Mais je croyais que les vins de Bordeaux possédaient un caractère de fermeté qui en assuraient la conservation et défiaient l'amertume.

— Les vins les mieux constitués éprouvent des agitations qui dégénèrent parfois aussi en amertume. S'il est vrai que les grands vins de Bourgogne y sont plus exposés que leurs rivaux, il n'est pas moins certain que les vins généreux du midi récèlent des éléments d'altération comme les vins légers du centre et ceux des bords de la Loire et des autres contrées de France. Ces éléments funestes varient seulement en intensité suivant les vignobles.

Les vins blancs seuls font exception et défient l'amertume.

— J'ai souvent entendu dire que l'atmosphère jouait aussi un grand rôle dans l'altération des vins. Qu'en pensez-vous?

— L'on doit reconnaître qu'il se détache parfois de l'atmosphère des germes d'altération qui étonnent. Aussi j'ai vu bien souvent des négociants devenir les victimes des caves malsaines de leurs clients.

— Cependant l'altération est bien moins à craindre quand le vin est mis en bouteille.

— Certainement, mais le consommateur ne peut pas mettre son vin en bouteille aussitôt qu'il le reçoit, il doit attendre environ un mois. Et pendant ce laps de temps, le vin, dans les caves malsaines, contractent les germes d'une maladie qui se développe en bouteilles.

— Mais n'y a-t-il pas moyen de prévenir les accidents ?

— On a pratiqué le *vinage* avec succès.

— Qu'appelez-vous vinage ?

— C'est l'emploi de l'eau-de-vie de cognac qu'on ajoute au vin.

Mais ce remède doit être employé avec beaucoup de précaution, suivant la nature et la qualité des vins.

Le vinage est dangereux, lorsqu'il s'agit de vins fins; l'arôme et le parfum souffrent d'un surcroît d'alcool.

L'emploi de l'alcool est moins à craindre dans les vins de consommation ordinaire qui ne se distinguent ni par leur finesse ni par leur arôme. Il aide à leur conservation sans leur nuire.

— J'ai souvent aussi entendu parler du chauffage des vins.

— Ce système a fait plus de bruit qu'il n'a produit d'heureux résultats. Ses effets, utiles souvent, ont été parfois négatifs. Le chauffage a quelquefois produit un goût de cuit peu agréable.

— Quels sont les moyens employés d'ordinaire pour remédier à l'amertume des vins?

— Il faut faire une distinction entre deux amertumes qui ont deux causes comme deux effets différents.

Parfois les vins contractent cette maladie à la deuxième et à la troisième année de leur âge. Cette amertume est dangereuse, parce qu'elle attaque, si je puis m'exprimer ainsi, les principes vitaux nécessaires au développement du vin, tandis que l'amertume qui se produit par la vieillesse même du liquide n'étant que le résultat de la décrépitude, qui atteint toute chose humaine, est bien moins dangereuse. Le vin subsiste encore avec beaucoup de ses mérites qu'on peut aisément faire ressortir en lui rendant les qualités qui lui font defaut et ont provoqué l'amertume qu'on pourrait plus justement appeler un goût de vieux.

— Mais ne peut-on pas prévenir cette maladie et suivant le précepte de Horace et de l'Imitation, s'opposer au progrès du mal, dès son début et avant qu'il n'ait acquis une triste consistance?

— Les vignerons ont parfaitement désigné ce symptôme. Le vin *doucine*, disent-ils, c'est-à-dire qu'il est fade et a en quelque sorte le goût d'un vin dans lequel on aurait infusé du suif. La couleur alors, de vive, devient louche. Les vins récoltés par un temps humide sont surtout sujets à l'amertume.

Le vin qui éprouve ce goût *doucin*, se guérit parfois de lui-même, sans remède, comme la nature humaine se débarrasse, sans le secours de l'art, d'une souffrance, d'une maladie, mais il est dangereux d'agir ainsi et d'exposer le vin à perdre peu à peu ses qualités par une fermentation due à la présence de quelques éléments d'acide carbonique et par la décomposition du tartre et des matières colorantes.

Mais si l'on est d'accord sur les symptômes qui décèlent le mal, il n'en est pas de même lorsqu'il s'agit d'appliquer les remèdes qui doivent être employés avec beaucoup de tact suivant la nature et le développement de la maladie.

Il faut surtout distinguer entre les vins jeunes et les vins vieux qui tournent à l'amer. La maladie des vins vieux n'est pas difficile à guérir. Comme ils manquent surtout de tartre et quelque peu d'acide, il convient d'ajouter d'abord au vin 100 à 200 grammes d'acide tartrique par hectolitre, suivant le degré du mal, et quelques jours après, 50 à 150 grammes de bicarbonate de potasse, par hectolitre.

Ces remèdes produisent du bitrarte de potasse, dont le vin se sature en laissant précipiter ce qui est en excès.

Mais lorsqu'il s'agit des vins tournés à l'amer après deux ou trois ans, les savants indiquent divers remèdes.

Les uns, comme M. Chaptal, conseillent de rouler le vin sur une première lie en y ajoutant à propos une dissolution de sucre ou mieux encore une pinte de vin muet par pièce. D'autres ont fait disparaître la maladie en ajoutant 25 à 50 grammes de chaux récente par litre. Cette chaux doit être éteinte dans un peu d'eau avant d'être jetée dans le tonneau. On remue ensuite fortement le vin afin que le mélange s'effectue. Deux ou trois jours après on soutire et on colle. Tel est le système préconisé par M. Maumé. Enfin M. Vergnette-

Lamotte préconise d'abord le mèchage après chaque soutirage et la fermeture hermétique des caves.

Nous approuvons ce procédé, mais, comme M. Vergnette, nous le trouvons insuffisant lorsque le vin est fortement atteint. Nous avons parfois réussi à combattre victorieusement la maladie en soufrant fortement les pièces avant les soutirages, que nous avons répété de trois en trois mois. Quand il s'agit de vin ordinaire, le soufre n'est pas à craindre, mais il n'en est pas de même pour les vins fins dont le soufre, comme l'eau-de-vie, est l'ennemi, parce qu'il nuit à leur fumet.

Lorsque le vin résiste au remède énoncé plus haut, M. Vergnette-Lamotte conclut au traitement des vins amers par le chauffage mais ce procédé exige beaucoup d'appareils spéciaux qui sont assez coûteux.

— Vous venez d'exposer fort clairement les divers systèmes; mais, selon vous, quelle serait la voie la meilleure à suivre?

— Je ferais d'abord usage de la lie nouvelle, qui infuse, si je puis m'exprimer ainsi, un sang jeune dans les veines décrépites du vin vieux, et raffermit le vin jeune ébranlé par la maladie. Lorsque ce procédé naturel ne suffirait pas, j'aurais alors recours à l'expérience des remèdes conseillés par la science, qu'il faut connaître, mais dont il ne faut pas abuser.

DEUXIÈME HALTE.

LES QUATRE CHATEAUX : LAFFITE, LATOUR, MARGAUX ET HAUT-BRION.

Je suis à Pauillac, à neuf lieues de Bordeaux, au centre du Médoc, qui produit les meilleurs vins du département de la Gironde.

Le Médoc commence à Blanquefort situé à une lieue et demie de Bordeaux. Sa longueur est de vingt et sa largeur de onze lieues ; mais la partie ouest est entièrement couverte de forêts. Elle n'est peuplée que sur trois ou quatre lieues de largeur, le long de la Garonne.

La culture de la vigne dans le Bordelais date des temps les plus reculés. Auson nous apprend que les *Bituriges Vibisci* récoltaient dans le Médoc des vins très estimés à Rome.

La réputation de ces vins n'a fait que s'accroître, parce que les propriétaires n'ont pas changé de cépage, et surtout ont évité de prodiguer les engrais, qui, en poussant à une trop grande production, nuisent à la qualité du vin.

Le département de la Gironde, qui est formé des arrondissements de Bordeaux, Bazas, Blaye, Lesparre, Libourne et La Réole, contient 140,000 hectares de vignes, répartis sur le territoire de 550 communes, et partagés entre 60,000 propriétaires environ. La récolte annuelle et moyenne est évaluée à 2,500,000 hectolitres de vins, dont 400,000 suffisent à la consommation des habitants.

Pendant que mon hôte veille aux préparatifs du départ et qu'on attèle la voiture qui doit me conduire au Château-Laffitte, au Château-Margaux et dans les crus les plus renommés du Médoc, je me repose mollement assis sur un canapé. De ma chambre j'aperçois la Garonne, qui, en face de Pauillac, a neuf kilomètres de largeur. C'est un beau spectacle que cette masse d'eau qui s'écoule tranquille vers cet abîme qui s'appelle la mer.

Je cherchais à découvrir ce qui se passait sur la rive opposée, lorsque mon hôte s'approcha respectueusement. On est toujours plein de prévenances pour celui qui paie.

— Monsieur est-il prêt ? demanda-t-il.

Comme je restai un instant sans répondre, il se hâta d'ajouter :

— Monsieur admire sans doute la belle vue qu'on a de l'hôtel. Oh ! c'est un spectacle superbe, monsieur, tous les étrangers l'admirent.

— C'est vrai! Mais quelles sont ces contrées que j'aperçois en face de nous sur la rive opposée? Produisent-elles aussi du vin?

— Oui, monsieur, mais, ajouta-t-il avec dédain, ces vins ne peuvent pas entrer en comparaison avec ceux du Médoc : ce sont les vins de Blaye et de Bourg, des vins de cinquième classe, tandis que je vais vous montrer les magnifiques caves de nos grands crus, si recherchés dans toute l'Europe.

En prononçant ces mots, mon interlocuteur avait un geste superbe, l'orgueil avait épanoui son visage.

— Je ne conteste nullement, lui répondis-je, la valeur des vins du Médoc. La meilleure preuve de l'estime que j'en fais, c'est que je suis arrivé directement ici; mais je n'en désirerais pas moins connaître ce qui caractérise les vins de Blaye et de Bourg, dont vous me parliez tout à l'heure.

— Les vins de Blaye, monsieur, ont une couleur foncée, mais terne; la plupart sont mous et ont un goût de terroir désagréable. Ce qu'il y a de plus fâcheux, c'est que sur ce territoire on récolte environ 600,000 hectolitres par an.

— Permettez-moi de vous parler avec franchise. Je crains que la rivalité, l'esprit de clocher ne vous fasse envisager sous un aspect trop sombre vos voisins d'outre-Garonne.

— Je vous assure, monsieur, que mon appréciation n'est nullement contestable. Ce que je vais vous dire du vin de Bourg vous démontrera que je sais reconnaître le mérite où il se trouve, quelque faible qu'il soit. Ces vins ont une belle couleur, sont corsés, spiritueux, et assez francs de goût pour qu'on puisse les assimiler aux petits vins de Médoc. Quand ils n'ont pas voyagé, ils n'acquièrent leur maturité qu'en huit ou dix ans. Les meilleurs, lorsqu'ils proviennent d'une bonne année, gagnent en vieillissant de la légèreté et un goût d'amande fort agréable.

Vous voyez, monsieur, que je sais être juste. Mais pour louer, il faut qu'il y ait des éléments.

— J'en suis enchanté. C'est d'un bon augure pour les renseignements que vous allez me donner sur les grands crûs du département de la Gironde.

En marche donc, s'il vous plaît.

— Depuis quelque temps déjà, on attend les ordres de monsieur.

Une demi-heure après, mon conducteur m'arrêta en face d'une vieille tour, qui, sans avoir le mérite d'être en ruine, était décrépite.

— Monsieur aurait-il l'obligeance de descendre? demanda mon guide en ouvrant la portière de la voiture.

— Mais pourquoi nous arrêter ici?

— Nous sommes arrivés au Château-Latour.

— Vous plaisantez. Le Château-Latour? cette bicoque!

— Ce n'est pas l'habit qui fait le moine, répondit-il avec une mauvaise humeur concentrée, tout en se dirigeant vers la maisonnette du gardien du clos.

Un vieux cerbère nous ouvrit les *chais* ou celliers où sont renfermés les vins de ce fameux crû, qu'il n'est pas donné à tous de boire, même en payant au commerce des prix fabuleux. Les négociants ne fournissent pas toujours loyalement les vins qu'on leur demande et qu'on leur paie.

Le Château-Latour, situé sur le territoire de Saint-Lambert, hameau dépendant de la commune de Pauillac, produit 70 à 90 *tonneaux* de vins pourvus de *sève* et de *bouquet*. Ils ont plus de corps et d'étoffe que ceux du Château-Laffitte, dont nous parlerons tout à l'heure, mais ils sont moins soyeux et ont besoin d'être gardés un an de plus en tonneau pour acquérir leur maturité.

— Quelle est la contenance du tonneau, demandai-je à mon guide qui me donnait ce renseignement.

— Le tonneau est de 912 litres. Toutefois, on ne fabrique pas de fûts de cette contenance, mais bien des barriques de 228 litres. Quatre barriques forment le tonneau.

— Très-bien ; mais auriez-vous aussi l'obligeance de me dire ce que vous entendez par sève et bouquet?

— Le mot sève est généralement employé pour indiquer la force vineuse et la saveur aromatique qui se développent, lors de la dégustation, embaument la bouche et continuent de se faire sentir après le passage de la liqueur. Elle se compose de l'alcool et des parties aromatiques qui se dilatent et se vaporisent aussitôt que le vin ressent la chaleur dans la bouche et l'estomac.

— En quoi consiste donc le bouquet?

— Le bouquet est une odeur agréable qui s'exhale

2.

des vins fins, au moment où on les expose au contact de l'air.

La sève diffère du bouquet en ce que celui-ci se dégage à l'instant où le vin est frappé de l'air, qu'il n'indique pas la présence de spiritueux, et qu'il flatte plutôt l'odorat que le goût.

En disant ces mots, M. Chasteauneuf remplissait mon verre du délicieux Château-Latour, flattait mon odorat par le bouquet, et m'invitait à constater les charmes de la sève en le dégustant.

Je regrette de ne pouvoir faire déguster à chacun de mes lecteurs un bon verre de Château-Latour. Vraiment, c'est délicieux.

En face du Château-Latour, sur l'autre côté de la route qui mène de Pauillac à Saint-Julien, s'élève le domaine de Pichon-Longueville, dont les produits rivalisent avec son voisin si estimé. On peut encore être fier de tenir le second rang après le Château-Latour. La récolte de Pichon-Longueville est de cent à cent vingt tonneaux.

Ces deux domaines sont sur les confins du territoire de Pauillac. Une haie vive les sépare du territoire de Saint-Julien et des crûs de Léoville et de Larose, qui produisent les vins les plus estimés de cette commune. Ces vins ont une belle couleur, beaucoup de finesse, de corps, de spiritueux, de moelle, avec un bouquet très-prononcé qui leur est particulier, et qui diffère de celui des autres vins du Médoc. Celui de Léoville se distingue particulièrement par sa finesse et sa délicatesse. Le Léoville produit 150 à 180, et le Larose 120 à 150 tonneaux.

Deux petits chevaux médocains, généreux comme le vin du pays, nous font parcourir en une demi-heure les douze kilomètres qui nous séparent de Margaux.

Le Château-Margaux, situé à cinq lieues nord-ouest de Bordeaux, produit des vins très-riches en sève, en bouquet d'une finesse extrême, soyeux et très-délicats. Le produit de ce domaine est évalué à 80 tonneaux de vin de première et 20 de deuxième qualité.

Dans le village de Margaux, je distinguai aussi le clos de Rauzan, qui produit 75 à 100 tonneaux et celui de Lascombe, dont la récolte varie de 50 à 70 tonneaux. Ces crûs participent à toutes les qualités du Château, et n'en diffèrent que par des nuances que les palais très-exercés peuvent seuls distinguer.

Quatre lieues nous séparaient de Pauillac et de Château-Laffitte, qui se trouve du côté opposé de la route que nous avions suivie. Pour ajouter les charmes de l'esprit au plaisir des yeux j'interrogeai mon guide en contemplant la luxuriante nature qui s'étalait devant moi.

— Quelles sont, lui demandai-je, les qualités qui distinguent les vins de Bordeaux des autres vins de France?

— Un vin de Bordeaux de première qualité et parvenu à son degré de maturité, doit être pourvu d'une belle couleur, de beaucoup de finesse, d'un bouquet rès-suave et d'une sève qui embaume la bouche ; il doit avoir de la force sans être fumeux, et du corps sans âcreté ; il ranime l'estomac en respectant la tête, en laissant l'haleine pure et la bouche fraîche.

Ces vins, conservés purs, peuvent être bus à haute dose sans incommoder.

— Cette dernière qualité doit être fort appréciée de la jeunesse dorée. Je désirerais en connaître la cause.

— L'alcool, que contiennent les vins de Bordeaux, est fortement combiné avec les autres parties de la liqueur, et ne s'en dégage dans l'estomac qu'à mesure que la digestion se fait, tandis que dans beaucoup d'autres vins, même moins pourvus de spiritueux, l'alcool est en partie libre, se dégage bien plus aisément, et monte au cerveau.

— J'ai souvent entendu répéter que le transport par mer, qui est si favorable à certains vins, est un échec pour beaucoup d'autres. Quel effet la mer produit-elle sur le vin de Bordeaux ?

— Le voyage sur mer n'altère en rien les qualités du vin de Bordeaux, et il contribue beaucoup à améliorer ceux qui, dans le principe, sont grossiers et lourds. Il n'est pas sans exemple que des vins de 2e et de 3e classe, chargés sur des navires et ramenés en France, après un voyage de long cours, aient acquis des qualités que l'on ne rencontre d'ordinaire que dans les grands crûs.

En parlant ainsi, nous arrivâmes au Château-Laffitte, qui se trouve placé sur le penchant et au bas d'une colline à pente douce.

Le Château-Laffitte donne des vins très-fins, très-soyeux, pleins de sève et de bouquet. La récolte est évaluée à 100 tonneaux de vins de première et 20 tonneaux de deuxième qualité.

Sur le haut de la colline, où se trouve le Château-Laffitte et le dominant, on remarque le crû de Branne-Mouton, dont la récolte s'élève de 120 à 140 tonneaux, et qui participe à toutes les qualités du Château-Laffitte.

Comme le Branne-Mouton domine le Château-Laffitte, le baron de Rotschild, qui depuis longtemps en était le propriétaire, jaloux de ce que son domaine n'était classé qu'au deuxième rang, avait coutume d'appeler avec dédain le Château, *vase étrusque* de son mouton.

Mais lorsque le roi de l'or fut l'heureux propriétaire du Château-Laffitte, il ne tint plus le même langage. Ce crû produisit le premier vin du monde!

J'avais donc vu et dégusté les vins de trois grands crûs : Château-Latour, Château-Margaux, Château-Laffitte. Il ne me restait plus à connaître que le Haut-Brion.

Je fis appel aux connaissances de mon guide, qui m'apprit que le château de Haut-Brion est situé sur le territoire de Pessac, à une demi-lieue de Bordeaux, et qu'il produit 80 à 100 tonneaux. Le vin se distingue par une couleur vive et brillante, un charmant bouquet, beaucoup de vivacité de chaleur; mais il est moins moelleux que ses rivaux.

Il a ordinairement besoin de rester en tonneaux pendant sept ans, tandis que les vins du Château-

Latour sont mûrs pour la mise en bouteille après six ans, et ceux du Château-Margaux et du Château-Laffitte après cinq ans.

Vous voilà renseignés, amis lecteurs. Vous n'avez plus qu'à faire votre choix, car je ne vous fais pas l'injure de supposer que vous n'avez pas 5 à 6,000 fr. à votre disposition pour acheter un tonneau de vin de ces grands crûs!

LE PHYLLOXERA.

Voulez-vous constater, par vous-vous même, les effets fâcheux du phylloxera, me demanda un grand propriétaire du Bordelais?

— Certainement, répondis-je, surtout si vous avez l'obligeance de me faire part de vos études sur cette maladie qui fait l'objet des recherches des savants et qui intéresse tous les amis du progrès vinicole dont le phylloxera est un des ennemis les plus redoutables.

— Puisqu'il en est ainsi, nous nous rendrons dans le domaine de M. de B***, qui a été envahi par cette terrible maladie. Mais auparavant nous jetterons un coup d'œil sur ma vigne où les premiers symptômes du mal viennent de se révéler.

— C'est en 1868, je crois, que l'on a observé les premiers effets de cette terrible maladie?

— Pardon, monsieur, c'est en 1868 qu'elle a fait son apparition dans la Gironde, mais depuis 1863, on avait déjà constaté la présence désastreuse de ces insectes dévastateurs dans la vallée du Rhône. Ainsi, en 1869, dans le département de Vaucluse, qui compte 30,000 hectares de vigne, le phylloxera a atteint, flétrit, détruit 10,000 hectares. Le mal a suivi le Rhône du nord au sud en gagnant chaque année de 12 à 15 kilomètres et, en 1872, il a fait son apparition sur plusieurs points du département de l'Hérault.

— Mais le phylloxera a-t-il eu la France pour origine ?

— Je ne le crois pas, car depuis longtemps déjà on a remarqué en Algérie, en Allemagne, en Crimée, au Cap et en Amérique des insectes dont les agissements sont presque en tout semblables à ceux du phylloxera. Le nom seul diffère.

En parlant ainsi, nous étions parvenus à la vigne de mon guide. Rarement j'ai vu une vigne plus vigoureuse, plus luxuriante. J'exprimai aussitôt mon admiration.

— Ce n'est certes pas cette vigne qui est menacée du phylloxera, lui demandais-je avec une expression bien sentie de doute?

— Avancez, répondit-il avec un sourire amer.

Ne voyez-vous pas, là-bas, des ouvriers qui travaillent à l'extrémité de la vigne?

— Eh bien ?

— Ils sont occupés à arracher des plantes atteintes par le phylloxera.

— Vraiment ?

— Hélas ! Je ne l'affirme qu'à regret.

— Mais ce remède n'est-il pas trop radical?

— Il est non-seulement utile, mais indispensable. C'est le seul moyen qui me reste de préserver la vigne de ce terrible fléau qui la menace toute entière.

— Mais expliquez-moi donc quelle est la nature de cet insecte, de ce phylloxera si redoutable et si redouté?

— Avancez encore quelques pas et je vous ferai une démonstration *de visu.*

Bientôt nous fûmes aux milieu des travailleurs et des ceps arrachés.

Mon cœur se serra à la vue de ces plantes qu'on avait dû sacrifier pour préserver la vigne comme on coupe un membre gangréné pour sauver le corps.

Prenant en main les racines d'une plante qu'on venait d'arracher, mon interlocuteur me dit, en me passant une loupe :

— Voyez cet insecte d'une longueur de 3/4 de millimètre et d'un demi millimètre de largeur, c'est le phylloxera aptère, c'est-à-dire sans ailes.

— Y aurait-il donc des phylloxeras ailés?

— Malheureusement; cependant ce n'est pas l'espèce la plus répandue.

— En quoi le phylloxera ailé est-il plus redoutable que l'insecte aptère?

— C'est qu'il se transporte plus aisément d'un lieu à un autre et envahit ainsi plus rapidement une vigne toute entière, sans qu'on puisse s'opposer à son action autrement qu'en le détruisant lui-même. Si la vigne était envahie par les phylloxeras ailés, ce serait un remède bien insuffisant d'arracher les plants atteints. Cependant il ne faut pas se figurer que ces insectes ailés puissent se transporter d'un lieu à un autre comme les mouches ou les oiseaux.

— S'il en était ainsi, c'en serait bientôt fait de tous les vignobles de France.

— Vous l'avez dit. On avait même cru d'abord que les insectes ailés ne pouvaient pas faire un usage efficace de leurs ailes et qu'elles ne leur servaient qu'à se faire emporter par le vent; mais depuis, on a remarqué qu'avec de grands efforts ces insectes pouvaient prendre un vol faible mais bien désastreux encore pour nos vignobles.

— Comment procèdent les phylloxeras, lorsqu'ils s'attaquent à une plante?

— Cela diffère suivant l'espèce. Je vous en montrerai les effets dans le domaine de M. de B*** où nous allons nous rendre si vous le permettez.

— Bien volontiers.

— Tout en marchant, je puis vous dire que ces insectes aptères s'attaquent aux racines, les piquent et se nourrissent de leur suc en provoquant des renflements, des *galles*, dans lesquelles ils s'introduisent et se vivifient en absorbant une partie de la sève et des aliments dont la plante a besoin pour son développement. Peu à peu, les radicelles périssent; et, cette altération gagnant de proche en proche, les plus grosses racines dépérissent et meurent à leur tour.

— Mais s'aperçoit-on aisément de la présence de l'insecte ?

— L'observateur ne reconnait aisément cette présence qu'à la seconde année de la maladie. Lorsque les vignes sont vigoureuses, le mal ne se décèle pas. Mais, à la seconde année, les souches se flétrissent immédiatement après les premiers développements de la végétation.

Lorsqu'on a des preuves ou des indices du mal, dans certains plants, il faut se hâter d'arracher quelques ceps voisins, quoique vigoureux encore, afin de s'assurer de l'étendue du mal.

Ce procédé est indispensable, lorsqu'on ne veut pas s'exposer à voir la vigne toute entière devenir la proie de ces maudits insectes.

Voyez en un terrible exemple, ajouta-t-il, en me montrant le domaine de M. de R*** près duquel nous étions arrivés.

Quel spectacle s'offrit à ma vue : des plants entièrement désséchés et privés de feuilles, d'autres languissant, quelques-uns ayant encore une vigueur factice mais atteints mortellement par les insectes qui s'acharnaient à leur perte parce que ces ceps seuls leur procuraient les éléments de leur subsistance.

— La multiplication de ces insectes est donc bien rapide, demandai-je à la vue de ces ravages stupéfiants?

— On a compté jusqu'à cent œufs dans une seule *galle* ou cellule.

— Mais comment ces insectes aptères passent-ils d'un plant à un autre?

— M. Louis Fauçon affirme que ses fils et lui ont remarqué dans deux circonstances différentes que les phylloxeras sans ailes rampent et recherchent surtout les crevasses pour s'introduire d'une plante dans une autre,

— Cette remarque me semble bien précieuse. Ne pourrait-on pas préserver la partie de la vigne non atteinte en répandant sur la terre des insecticides qui feraient fuire ce petit mais bien funeste animal ?

— Il est probable. Bientôt même nous en serons convaincus lorsque des expériences auront été faites par M. Faucon, auteur de cette découverte, et par ceux qu'il a mis en éveil.

— Comment parvient-on à détruire les insectes ailés ?

— Comme ces insectes s'attaquent surtout aux feuilles où les femelles forment des *galles* qui leur servent de nid, on emploie le procédé de submersion qui leur nuit beaucoup quand il ne les tue pas tout à fait.

Ce procédé ne doit pas faire perdre de vue la recherche des feuilles qui portent des *galles* qu'on fait disparaître en les brûlant.

— Il est à espérer que la science et l'expérience parviendront enfin à vaincre cette terrible maladie.

— Espérons ! fit en soupirant mon interlocuteur dont la vigne que j'ai parcourue, est menacée du fléau.

TROISIÈME HALTE.

SAINT-ÉMILION. — VENDANGES. — CHATEAU-IQUEM.

Saint-Emilion est la plus étrange ville que j'ai vue. Cependant j'en ai vu beaucoup. C'est une ville aux ruines s'il en fût et aux bons vins. J'y remarquai, outre plusieurs couvents dont il ne restait plus que les murs lézardés, sur lesquels s'agitaient des arbrisseaux qui y avaient pris naissance, une église étonnante, construite dans le roc, et dont le clocher surperposé sur la voûte naturelle frappe, étonne et fait rêver aux catacombes.

Je descendis de la hauteur où se trouve bâtie la ville de Saint-Emilion, dans les campagnes animées par les vendanges.

La vendange est l'acte suprême qui résume et sanctionne tous les travaux du vigneron et toutes les dépenses du propriétaire.

C'est le résultat d'une campagne de six mois, d'une

lutte presque continuelle contre les divers ennemis qui surgissent aux différentes époques de l'année : les gelées du printemps, les pluies pendant la floraison, la grêle, les insectes, la maladie, et enfin les pluies de l'automne. Lorsque tous ces ennemis sont vaincus ou n'ont pu faire qu'un tort peu sensible, la joie générale éclate au moment des vendanges. Je pris part à cette joie dans les campagnes qui environnent Saint-Émilion.

Quel aspect animé s'offrit partout à mes yeux ! Les vendangeurs se courbaient, et relevaient la tête en emplissant leurs paniers de raisins dont ils dépouillaient les ceps généreux. Hommes, femmes, enfants, vieillards, étaient munis de paniers et de ciseaux. Un conducteur les avait rangés chacun à l'extrémité d'une ligne de ceps de vigne. Ils marchaient parallèlement en cueillant avec soin le raisin jusqu'à la limite de la vigne, puis retournant en sens contraire, ils vendangeaient une deuxième zone.

Un homme par cinq vendangeurs prenait les paniers au fur et à mesure qu'ils étaient remplis, et les versait dans de grands récipients placés à proximité et à distances calculées au préalable sur le rendement probable, apprécié à vue d'œil par le maître vigneron, qui ne se trompe guère.

Chaque récipient contient 100 litres ; il est imperméable, afin de ne pas laisser échapper le jus du raisin qui s'y épanche en abondance dans les années de grande maturité.

Les propriétaires, les vieillards surtout, pronostiquaient sur la valeur probable des vins de l'année. En examinant les travaux des vignerons, j'entendis assez distinctement la conversation suivante :

— Eh bien ! l'ami Pierre disait un propriétaire à son voisin, occupé comme lui à surveiller les vendangeurs ; que pensez-vous de la récolte de cette année ?

— Elle ne laissera rien à désirer ni pour la quantité ni pour la qualité. On pourra la comparer à celle de 1858.

— C'est bien mon avis aussi. Je ne désire qu'une chose : c'est de vendre nos vins plus cher que cette année-là.

— Mais vous auriez tort de vous plaindre ; vous avez vendu la moitié plus cher que moi.

— Oui parce que j'ai attendu quelque temps ; si j'avais eu assez de patience, j'aurais vendu mes vins bien plus cher encore.

— C'est une chance à courir. Vous avez réussi, j'en suis enchanté pour vous. Mais, quand le vin est bon et en grande quantité, on ne doit jamais faire entendre de plainte, le produit est toujours rémunérateur.

— Mais on ne s'enrichit pas à vendre à bon marché.

Le vieil avare s'aperçut de ma présence. Il me prit pour un acquéreur. Ce qui lui donna cette idée, c'est que j'étais accompagné de M. Dussaut, mon hôtelier, qui est aussi courtier en vins, et qui voulant se rendre compte de l'état des vendanges, parcourait avec moi les vignes.

Le négociant est le poisson auquel les propriétaires

et les vignerons tendent l'hameçon de la vente à prix élevés. Aussi notre rusé et avare propriétaire reprit-il très-haut afin que je l'entendisse :

— Ainsi, l'ami Pierre, dit-il avec assurance, vous êtes bien d'accord avec moi, comme avec tout le monde du reste, que le vin de cette année sera excellent, mais que le rendement ne sera pas aussi considérable qu'on l'avait cru d'abord.

— Hein ! reprit son interlocuteur en relevant brusquement la tête. Il s'était baissé pour ramasser quelquelques grappes oubliées.

Il allait exprimer son étonnement de cette volte-face subite dans l'appréciation de son voisin, lorsque celui-ci me désigna par un jeste presque imperceptible.

Un coup d'œil qu'il jeta de mon côté, me dit assez qu'il avait compris. Mais soit qu'il fût pris au dépourvu ou qu'il lui répugnât de mentir effrontément, il dit :

— C'est possible.

— Dis donc que c'est certain. Le sentiment est unanime que nous aurons une récolte dont la qualité équivaudra à celle des excellents vins de 1858, mais que le rendement atteindra à peine la moitié de cette brillante année.

— Que concluez-vous de là ? demandai-je en m'approchant. Vous voudrez bien m'excuser, messieurs, de la liberté que je prends de me mêler de votre conversation. Mais je suis étranger à cette contrée, et je désire me renseigner. Il me semblait d'ailleurs que vous parliez assez haut pour qu'on pût entendre sans indiscrétion.

Soyez le bienvenu, monsieur. Si vous n'aviez pas un guide aussi expérimenté que M. Dussaut, je me mettrais à votre disposition pour vous accompagner dans nos vignobles.

— Vous êtes trop aimable. Arrivons, s'il vous plaît, à la conclusion que je réclamais de vous tout à l'heure.

— Elle est bien simple, bien naturelle, et découle des faits: Si la qualité du vin est égale à celle de l'année 1858, et si le rendement n'est que de moitié, les prix devront être doublés.

— Et si votre jugement n'était pas basé sur la vérité... de la situation des vignobles?

— Vous suspectez mon appréciation? Voyez mes cheveux blancs, monsieur, et dites-moi si je n'ai pas pu acquérir une grande expérience.

— Trop grande peut-être pour ceux qui n'entendent que la moitié de vos discours, lui répondis-je avec intention et en m'éloignant.

M. Dussaut me suivait en riant sous cape de la bonne leçon que je venais de donner à ce vieux ladre. Il m'exprimait tout bas sa satisfaction, en me disant toutefois que cela n'empêcherait pas notre menteur de continuer ses appréciations intéressées, mais qu'il prendrait seulement ses précautions pour mentir avec plus d'adresse. Le grand défaut des propriétaires et des vignerons est d'exagérer sciemment les qualités du vin et de mentir effontément concernant le rendement probable.

Nous nous dirigeâmes vers le château du Bel-Air, qui produit les meilleurs vins de la côte de Saint-Émilion. Ces vins ont une belle couleur, du corps, du spiritueux, et une séve agréable. Il ne peut pas être comparé pour la finesse aux quatre grands crus du Médoc, quoiqu'il soit délicieux lorsqu'il a quelques années de bouteilles.

Le prix en est très-avantageux pour la qualité; il varie de 1,500 à 2,000 francs le tonneau.

— En entrant dans le château, nous entendîmes une joyeuse ritournelle.

— Qu'est-ce? demandai-je à mon guide. Que signifie cette musique? Le château serait-il en fête?

— Certainement.

— Vous m'avez dit cependant, si j'ai bon souvenir, que le propriétaire est absent.

— C'est vrai; mais le pays tout entier est en fète aujourd'hui. Le signal des vendanges est en même temps le signal des danses.

— Comment! on perd son temps à danser tandis que les vignes réclament les bras de tous les vendangeurs?

— Les pieds sont aussi d'une certaine utilité dans la vinification.

Entrez, et vous en serez bientôt convaincu.

Quel ne fut pas mon étonnement, en pénétrant dans un vaste bâtiment, de voir des paysans et des paysannes écraser le raisin en dansant. La musique avait pour but d'aider à ce travail gymnastique.

Le jus du raisin coulait par des conduits dans de

vastes cuves, qu'on ne remplissait qu'aux quatre cinquièmes. On y jetait ensuite les grappes de raisins broyées, qu'on égalisait à la surface avec un râteau, et en les tassant avec une batte plate.

On fermait avec soin toutes les portes afin que la température ne descendît pas au dessous de 15 degrés.

La fermentation dure plusieurs jours. Aussitôt que le silence a succédé au bouillonnement, on tire le vin par un robinet préalablement adapté au bas de la cuve. On emplit les tonneaux ou fûts aux trois quarts de leur capacité. Quelques jours après, on achève d'entonner, on descend les fûts en cave et on les range dans le cellier.

— Alors, sans doute, dis-je, le vigneron peut dormir sur ses deux oreilles.

— Non pas. Il doit remplir avec soin ses tonneaux tous les huit jours.

— Les remplir ! Mais ne m'avez vous pas dit que les tonneaux étaient descendus pleins dans les caves ?

— C'est que le vin se consume beaucoup, quand il est jeune, et qu'il a besoin d'être nourri.

Le travail du vigneron, monsieur, est incessant ; car, outre ces soins, il doit, en janvier et en mars, soutirer ses vins, c'est-à-dire les transvaser d'un fût dans un autre, afin de les séparer de la lie qui tombe au fond du tonneau.

Quand les vins ont une année de fût, ils exigent moins de soutirage et ne se consument presque plus.

— Le vin est donc comme l'homme? C'est l'enfance qui exige le plus de soins.

— Précisément. On voit bien que vous êtes un profond philosophe.

— Un philosophe ! moi ! je suis à peine un journaliste.

Mais dites-moi donc : emploie-t-on le même procédé pour la fabrication de tous les vins ?

— Loin de là, monsieur ; pour obtenir les vins rosés, œil de perdrix, pelure d'oignons pour faire en un mot les vins intermédiaires entre le vin blanc et le vin rouge, le tirage de la cuve doit être opéré au tiers de la fermentation, c'est-à-dire vingt-quatre heures au moins et quarante-huit heures au plus après le premier mouvement de fermentation saisi par l'oreille.

— Passons aux vins blancs s'il vous plaît.

— Bien volontiers. Après avoir fait couler le jus dans des tonneaux bien préparés, on laisse fermenter le vin dans un lieu couvert et tempéré, jusqu'à ce qu'il qu'il soit calmé.

Dix à douze jours après, on descend le fût dans une cave à température constante de 11 à 12 degrés.

Comme pour le vin rouge, on remplit les fûts tous les huit jours et on soutire en janvier et en mars.

— Je crois me rappeler cependant qu'on m'a dit que le vin blanc exige une préparation particulière.

— Vous voulez sans doute parler des vins si recherchés de Sauterne, de Barsac, de Preignac et de Bomes. Là, en effet, on vandange à plusieurs reprises. On ne cueille les raisins qu'au fur et à mesure qu'ils pourrissent et lorsque leur pellicule ayant acquis une teinte brune s'attache aux doigts. La vendange dure souvent deux mois, surtout dans les crus qui, comme le Château-Iquem, produisent des vins de qualité supérieure. Aussi les divers produits d'une même récolte diffèrent d'après les époques favorables ou intempestives de soleil ou de pluie pendant lesquelles on a été forcé de cueillir le raisin. Les premières pièces sont d'ordinaires les meilleures ; elles sont rangées dans les caves par ordre de date de vinification. Il y a ce qu'on appelle la tête et la queue.

— En quoi se distinguent des autres vins blancs, les vins de Sauterne et des communes environnantes que vous citiez plus haut.

— Ces vins ont beaucoup de moelleux, de finesse, un bouquet et une séve très-agréable. Ils sont un intermédiaire, mais bien supérieurs en qualité aux uns et autres, entre les vins blancs secs et les vins du Midi.

Le crû si renommé du Château-Iquem se vend comme les vins rouges de Château-Lafitte, Margaux et Latour, 6,000 francs le tonneau, lorsque l'année est favorable.

L'AQUITAINE

ET L'ORPHELINAT DE LA GUERRE.

En rentrant à Bordeaux pour prendre quelque repos avant de continuer mes excursions dans le midi de la France, je passai par le village de Latresne. Là, je reçus l'hospitalité de la directrice des Chanoinesses de la Providence. L'urbanité la plus exquise est rarement unie à une si profonde intelligence et à une expérience aussi grande des choses humaines, à un si tendre dévouement pour les souffrances de l'humanité qui semblent seules préoccuper la fondatrice des orphelinats de la guerre.

La charité avait d'abord suffi aux besoins des victimes innocentes de la guerre et des discordes civiles. Mais le besoin grandissant avec le nombre des sujets, il fallut aviser. La directrice générale possédait un secret de famille pour la fabrication d'une liqueur hygiénique. Elle n'hésista pas à en faire don à l'orphelinat. *L'Aquitaine* marcha bientôt sur les traces de *La Chartreuse*.

Comme, tout en savourant un délicieux verre d'*Aquitaine,* j'exprimais n'aïvement à la directrice générale — que j'ai l'avantage de connaître depuis longtemps — mon étonnement de voir certains établissements religieux se transformer, si je puis m'exprimer ainsi, en officine de liqueurs, elle me répondit avec le fin sourire qui la caractérise:

— Mais, monsieur, croyez-vous que ma découverte ne puisse pas être aussi utile à l'humanité en général qu'aux orphelins qui tirent des bénéfices de cette fabrication les ressources nécessaires à leur subsistance.

Nous vivons dans un temps où l'on fait une grande consommation non-seulement des liqueurs mais de mauvaises liqueurs qui comme l'absinthe atrophient l'intelligence. N'est-ce pas un vrai service à rendre à l'humanité que de la ramener à la consommation des liqueurs bienfaisantes par la saveur du liquide lui-même. Dans l'*Aquitaine* tout est soigneusement préparé, bien combiné, pour amener promptement une amélioration dans le système animal de l'homme. Chacun des produits, au lieu de nuire, a sa propriété bienfaisante. L'homme qui souffre de la goutte y trouve son sirop ; les défaillances organiques leurs liqueurs à la fois reconfortantes et savoureuses ; les convalescents des effets salutaires étonnants, enfin, les gourmets un nectar dont l'arôme dégage un bouquet délicat et plein de finesse.

— Mais quelle est donc la base de cette liqueur que vous transformez en panacée universelle, demandai-je en souriant ?

— Oh ! tout ce que je viens de vous dire est de la plus grande exactitude. Voyez, jugez en vous-même. Quel effet cette liqueur produit-elle sur votre palais et votre organisation ?

— Vous procédez par des arguments irrésistibles. Je me rends donc. Il ne me reste plus qu'à connaître de quels éléments cette liqueur est composée.

— La base de cette liqueur est le cognac fine champagne vieux, très-vieux.

— Et après ?

— Permettez, permettez... fit-elle avec un léger balancement de tête.

— Eh bien, demandai-je ?

— Vous n'êtes pas curieux, mais vous ne me demandez rien moins que mon secret, qui ne m'appartient plus puisque j'en ai fait don à l'Orphelinat de la guerre.

QUATRIÈME HALTE.

RIVESALTES. — COLLIOURE. — FRONTIGNAN.
MARSEILLAN. — CETTE.

La locomotive m'emporte vers le Midi. Plongé dans une douce somnolence, je pense — que peut-on faire de mieux en chemin de fer? — au délicieux poulet sauté que mon hôtesse de Saint-Emilion, Mme Dussaut, m'avait préparé avec un art à nul autre pareil, et dont je regrette de ne pouvoir donner la recette à mes lectrices. Honni soit qui mal y pense !

J'étais encore sous l'impression de ces profondes réflexions culinaires, lorsque la porte de mon compartiment s'ouvrit avec fracas.

Une voix stridente cria :

— Narbonne !

J'étais arrivé.

Le vin de Narbonne jouit d'une certaine réputation parmi les vins communs du Midi.— Au royaume des aveugles, les borgnes sont rois. — Le narbonne se vend 30 francs l'hectolitre, tandis que les vins ordinaires s'écoulent au prix de 7 francs. Ce vin a une belle robe; il sert aux coupages, et donne de la couleur aux vins qui en manquent.

Mais pour trouver quelque charme dans le vin de Narbonne, il ne faut pas le goûter comme je l'ai l'ai fait, sous l'impression des grands crûs du Médoc. Je tombai brusquement du ciel sur la terre. Heureusement ma chute fut moins fâcheuse que celle de Vulcain.

A peu de distance de Narbonne, je ne fus pas peu surpris de voir la locomotive entrer brusquement dans la mer... Ayant de l'eau à droite et à gauche. partout à l'horizon, je traversai une espace de six kilomètres.

L'homme le moins peureux tremble que la locomotive ne fasse fausse route et ne le force à prendre un bain peu récréatif et peu salutaire.

Enfin, je sortis de cet espace liquide avec l'assurance de courir les mêmes impressions à mon retour.

Mais comment, me demanderez-vous peut-être, amis lecteurs, a-t-on pu construire un chemin de fer dans la mer ?

Cela tient à deux circonstances. Dans le Midi, la mer est calme, n'est pas follement agitée, comme sur les côtés de l'Océan. Puis en cet endroit, la masse liquide forme une espèce de baie et ne ressent presque pas les effets du souffle de Neptune. Cependant on se rappelle qu'il y a quelque temps les journaux ont annoncé que les vents ont soufflé avec tant de violence qu'on a cru prudent d'arrêter la locomotive.

— Je n'affronterai jamais ce péril, se diront sans doute mes charmantes lectrices.

— Je ne vous en blâme pas, mesdames. Cependant ce sont les récits des excursions extraordinaires qu'on aime le mieux à raconter et à entendre. Qui ne désirerait avoir visité la Forêt-Noire et être devenu le héros de quelque lugubre histoire qu'il pourrait narrer ensuite à ses amis ?

Sain et sauf, j'arrive à Rivesaltes. Ce vin généreux était bien propre à me guérir des fâcheuses impressions de mon excursion... nautique. Le muscat de ce vignoble est sans contredit le meilleur vin de liqueur de la France : plein de finesse et de parfum, il embaume la bouche et la laisse toujours fraîche. Lorsqu'il a dix ou douze ans, c'est une liqueur douce, parfumée et agréable, qui peut être comparée aux vins de Malvoisie les plus estimés. Grimold de la Reynière considère le rivesaltes comme le meilleur vin de muscat de l'Europe, l'*Épicurien français* le compare au fameux vin du cap de Bonne-Espérance.

Cependant il est moins recherché en France que certains vins de l'étranger qui ne le valent pas. S'il en était autrement, on devrait nous tresser des couronnes.

De la terrasse de mon hôtel à Rivesaltes, j'apercevais dans le lointain les Pyrénées, qui existent encore, malgré la parole du grand roi.

Je traversai Perpignan, petite ville située sur le

sommet d'une montagne et veillant, entourée de canons, à la garde des frontières.

Sept lieues me séparaient encore de Collioure. J'enviai les bottes que le petit Poucet trouva si à propos. A défaut de ces bottes merveilleuses, j'empruntai l'activité des coursiers du pays, et bientôt je fus sur les bords de la mer. où le plaisir des yeux le disputait aux charmes de la dégustation.

Collioure, Bagnols et Port-Vendre produisent des vins connus généralement dans le commerce sous le nom de Collioure. Ils sont pleins de corps et de spiritueux, avec de la moelle, du velouté et un fort bon goût. En vieillissant, ils acquièrent de la finesse et du bouquet. Après dix ans, leur couleur est celle de l'or. Leurs qualités augmentent jusqu'à trente ans, et ils se conservent cinquante ans.

Dans les bonnes années, ils ont quelque ressemblance avec le vin d'Alicante, dont ils possèdent les vertus toniques et les qualités agréables.

Ce qui contribue surtout à la conservation extraordinaire de ces vins, c'est qu'on les *vine*, c'est-à-dire qu'on y mêle 10 et jusqu'à 15 pour cent d'eau-de-vie.

Mes coursiers me ramenèrent à Perpignan, et je suivis de nouveau le fameux passage sur la mer. Je remarquai que le conducteur usait de beaucoup de prudence, et j'appris que jusqu'à ce jour on n'avait eu aucun accident à déplorer.

Mon interlocuteur, qui était un vieillard blanchi par l'âge et l'expérience, me fit une réflexion assez juste : c'est que les accidents ont presque toujours lieu où l'on croit n'avoir rien à redouter. Là, on abandonne la prudence, tandis que dans les lieux signalés pour leurs dangers, on redouble de prévoyance.

Je ne tardai pas à arriver à Frontignan, dont les vins muscats rivalisent avec celui de Rivesaltes, tout en lui cédant le pas.

Ce vin se distingue par sa douceur, beaucoup de corps, un goût de fruit très-prononcé et un parfum des plus suaves. Il gagne en vieillissant et supporte sans s'altérer le transport par terre et par mer.

Les muscats de Lunel, que je savourai aussi et dont les vignobles sont peu éloignés de Frontignan, sont plus précoces et moins fins. Ils ont moins de corps, un goût de fruit moins prononcé, et se conservent moins longtemps.

J'admirai en courant avec la locomotive les belles pleines du Midi, où les champs sont parsemés d'oliviers. La vue de ces arbustes me fit rêver.

C'est le contraste du gênet de nos bruyères du Nord.

L'un est la nature abrute, l'autre est la nature adoucie pour les besoins et les charmes de l'humanité.

Arrivé à une demi-lieue du Marseillan, je me dirigeai à pied vers ce village, situé sur le bord d'un lac qui communique à la mer. Son clocher, qui s'élève avec hardiesse, me servait de phare.

Chemin faisant j'abordai une jeune villageoise qui portait des raisins dans une manne. Je lui demandai une grappe, qu'elle m'offrit avec grâce.

Quand je voulus la payer, elle sourit en me disant :

— Cette grappe n'est d'aucune valeur, monsieur.

— Cependant le raisin est exquis, lui dis-je.

— Je le crois, monsieur ; mais que vaut une grappe de raisin lorsque l'hectolitre de vin ne se vend que quelques francs ?

Mais encore, répondis-je en lui demandant une seconde grappe et en voulant déposer dans sa main une pièce de monnaie.

Elle refusa de nouveau et s'éloigna avec rapidité.

Marseillan et quelques communes environnantes produisent du vin appelé *Picardan*. Ce vin est liquoreux sans être muscat. Il a un très-bon goût, beaucoup de sève, et se conserve longtemps. On *vine* aussi ces vins, comme ceux de Collioure, afin qu'ils conservent leur sucre et leur liqueur, et qu'ils puissent voyager impunément sur la terre et sur l'onde.

Les vins blancs communs de cette contrée sont connus sous le nom de *picpoul*. Ils sont agréables, mais dépourvus de liqueur. Les propriétaires ne *vinent* que leurs meilleurs crus.

J'y dégustai aussi une variation de vins de Malaga, faits avec du raisin provenant de ceps d'Espagne. Ce Malaga est bon, et bien des personnes le prendraient pour un produit de l'Ibérie.

Je couchai à Marseillan.

A mon dîner, on nous servit un poisson d'eau douce que mes compagnons de table jugèrent excellent. Il avait l'air très-appétissant. Mais quand je voulus le manger, j'y trouvai un goût de marais très-prononcé.

Il n'en peut être autrement dans le Midi, où les eaux des lacs sont stagnantes et exposées aux rayons d'un soleil brûlant.

A peine l'Aurore aux doigts de rose avait-elle... que je montai sur une barque et me dirigeai vers Cette, en traversant le lac qui sépare Marseillan de cette ville.

Cette est un immense chantier où l'on fabrique tous les vins du monde.

C'est le strass des pays vignobles.

Un de mes amis, qui habitait cette ville depuis longtemps, me conduisit chez un négociant renommé pour cette fabrication et avec lequel il était intimement lié. J'y dégustai les vins de tous les crûs les plus recherchés et fabriqués avec la même base, c'est-à-dire avec du vin du même crû.

Des essences différentes suivant le crû qu'on voulait imiter, formaient seules la distinction entre les vins. Vraiment l'imitation était parfaite.

C'était du strass de première qualité ; mais quelle que soit l'adresse de l'ouvrier, ce n'est que du strass.

LA LUNE ROUSSE ET LES GELÉES.

C'était le 2 mai. Une petite brise piquante aiguillonnait les voyageurs. Je me hâtais afin de me réchauffer, car à cette époque de l'année, on n'est plus vêtu comme pendant les brumes de l'automne ou les fortes gelées de l'hiver.

Tout à coup un nuage opaque appela mon attention. Des vignerons provoquaient par de nouveaux éléments le développement de la fumée qui sortait de divers récipients.

Ma curiosité étant piquée, je m'approchai de ces travailleurs et leur demandai quel but ils voulaient atteindre par la création de nuages artificiels.

Celui qui dirigeait les travaux était à la fois un riche propriétaire de vignobles, un homme éclairé et désireux des progrès vinicoles.

Il m'accueillit avec une urbanité exquise et s'empressa de me donner les renseignements que je demandais.

— Remarquez, me dit-il, que je place mes récipients de façon que la fumée emportée par le vent couvre tout mon vignoble.....

— Permettez-moi de vous interrompre, lui dis-je, et de vous demander quel est l'effet de cette fumée.

— Elle produit un effet double, si je puis m'exprimer ainsi. D'abord, elle attiédit l'air, qui est trop vif pendant la nuit, et préserve les bourgeons des gelées si redoutables à cette époque de l'année.

Puis, lorsque le soleil envoie ses premiers rayons, elle sert de transition entre la nuit froide et la chaleur trop intense qui dans bien des circonstances produit des réactions trop sensibles.

— Parfait. Je comprends le but, et je ne doute nullement de l'efficacité de la fumée comme préservatif. Mais il me reste maintenant à apprendre comment vous produisez ce nuage artificiel.

— Vous voyez ces capsules en tôle d'une contenance de 75 centilitres environ. Ces capsules renferment des huiles lourdes auxquelles j'ai mis le feu. Je les remplis naturellement au fur et à mesure que la consommation du liquide se produit.

Notez, monsieur, que je ne suis pas l'inventeur de ce progrès. Loin de là, le mode de préservation des vignes était connu de l'antiquité. Pline, Magon et Columelle en conseillaient déjà l'usage. Il y a tant de choses que nous ignorons et que nos aïeux connaissaient.

— Mais ce préservatif, sans être trop coûteux, est peut-être encore de nature à faire reculer les vignerons, qui ne se décident que bien difficilement à faire les dépenses même les plus nécessaires.

— Il est vrai que nos vignerons ne suivent que bien difficilement la voie du progrès, lorsqu'il doivent délier les cordons de leur bourse ; mais la nature a pourvu à leurs besoins. Il n'est pas nécessaire que la fumée provienne de l'huile enflammée. Quelle que soit la nature de la fumée, elle n'en sert pas moins à attiédir l'air pendant la nuit et à préserver ensuite les bourgeons contre l'action trop vive du soleil levant. Les vignerons peuvent brûler les sarments de leur vigne qu'ils réservent pour combattre les intempéries de la nature pendant la lune rousse.

CINQUIÈME HALTE.

HERMITAGE. — VIN DE PAILLE. — CÔTE-ROTIE.

Si ce n'était pas m'écarter de mon sujet et si j'étais poëte, je peindrais la vue admirable du Midi et de la vallée du Rhône, lorsque, sorti de Cette, on descend vers Tarascon pour remonter ensuite vers Lyon.

Quel horizon splendide se déroule à nos yeux sous un ciel d'azur ! Les bords enchantés du Rhône sont parsemés de châteaux féodaux en ruine, comme pour indiquer que là aussi on opprime et on meurt. Quel est le lieu de la terre exempt de ce fléau, ou qui a pu se dérober à cette loi ?

Le globe, comme la vie, est semé de contrastes. Je suis arrivé à Tain et je me trouve maintenant au fond d'une gorge. En face de moi s'élève une montagne haute de trois cents pieds : c'est la côte dite Hermitage, dont les vins sont aussi estimés que les premiers crus du Bordelais et de la haute Bourgogne.

L'aspect de ce vignoble est nouveau pour moi. C'est

la première fois que je vois des vignes plantées sur une montagne haute et escarpée. Les bords de la Loire m'ont offert de petites colllines, le Bordelais de vastes plaines semées de monticules, et le Midi un horizon sans limite. Mais une montagne de trois cents pieds toute couverte de vignes, me semblé une merveille.

En gravissant la montagne, je distinguai mieux des anfractuosités et de petits monticules que j'avais aperçus de loin. Mon guide appelait par leurs noms ces coteaux, ces *maes,* selon l'expression du pays.

Voici le Méal, dit-il, en indiquant un monticule dont j'étais peu éloigné. C'est le roi de la montagne. A côté, se trouve le Gréfieux, qui tient le premier rang après lui : le vice-empereur, le ministre d'Etat. A une distance peu éloignée, et participant aux qualités de leurs chefs, tout en leur restant inférieurs, Beaume, Racccioule, Muret, les Burges, etc., élèvent leurs têtes altières. Ce sont les ministres. Les plus présomptueux ne sont pas les meilleurs.

— Est-ce une allusion politique ?

— Dieu m'en garde, mon cher monsieur. Mais comme j'ai l'avantage de me trouver avec un journaliste, je m'efforce de parler son langage.

— Et moi, quand je suis en voyage, je m'efforce de l'oublier.

— C'est étonnant !

— Vous ignorez que le journalisme est une galère.

— Une galère ! Vous plaisantez, monsieur, une position sublime, qui vous permet de dire la vérité à tous, même aux rois.

— C'est que vous voyez la chose sous ses beaux côtés et que vous n'avez pas Sainte-Pélagie en perspective.

— Je n'oserai pas achever ma comparaison.

— Qu'à cela ne tienne. Si la comparaison n'est pas agréable, elle aura du moins, j'en suis sûr, le mérite d'être juste.

— Vous me permettez donc...

— Je vous en prie.

— Eh bien, au milieu de ces *maes* se distingue par sa hauteur le Bessas, dont les produits sont inférieurs aux autres coteaux.

— D'où provient cette infériorité?

— C'est que le sol du Bessas est graniteux, tandis que le sol des autres maes est semé de grès et de cailloux.

— Seriez-vous assez bon pour me dire quelles sont les qualités propres du vin de l'Hermitage et en quoi le vin du coteau de Bessas diffère des autres?

— Les vins de tous ces *maes* sont corsés, moelleux, fins et délicats; ils ont une très-belle couleur, beaucoup de spiriteux, avec une sève et un bouquet aromatiques très-prononcés et très-agréables.

Le vin de Bessas diffère des autres en ce que sa couleur, sa robe est plus foncée, tandis qu'il a moins de finesse et de parfum.

— Je comprends mieux que jamais l'à-propos de votre comparaison entre ces différentes *maes* et les ministres modestes ou orgueilleux. Le Bessas, par sa belle couleur, sa belle robe, comme vous dites, jette de la poudre aux yeux.

Mais dites-moi, Monsieur, je remarque que les coteaux laissent entre eux des gorges généralement assez profondes.

— C'est ce que nous nommons le *Sabot*.

Ces lieux sont chargés d'une grande quantité de terre, qui a souvent plusieurs mètres de profondeur et qui est entraînée par les grandes pluies.

On a voulu remédier à cet inconvénient, en construisant ces petits murs que vous apercevez de toutes parts et qui soutiennent la terre.

Ces murs sont placés à des distances plus ou moins rapprochées, suivant l'inclinaison du terrain. Néanmoins la pente est trop rapide pour éviter que la terre soit entraînée dans les grands orages dont notre contrée, hélas ! n'est pas préservée.

— D'où vient ce long soupir ?

— Je pense encore, monsieur, au désastre qui nous a atteints, il y a tantôt vingt ans. La récolte se présentait sous un aspect superbe. La nature était luxuriante, les raisins mûrissaient aux rayons du soleil. Soudain un orage éclate, la foudre tombe à plusieurs places sur les vignes. Des torrents emportent les ceps avec leurs produits. Quel désastre !

Je vois encore le village entier épouvanté d'abord, jeter ensuite des regards éplorés sur les résultats anéantis d'une année entière de travail.

— Mais comment les ouvriers pouvaient-ils être les victimes du fléau, puisque les vignes ne leur appartiennent pas? Aux propriétaires les profits et les pertes.

— Ici, monsieur, le vigneron est intéressé au succès de ses travaux. Il partage les produits de la vigne avec le propriétaire.

— Cette coutume me semble digne d'être suivie partout.

— Néanmoins, dans le cas présent...

— Ce cas exceptionnel est bien regrettable sans doute, mais il ne s'est plus représenté depuis vingt ans. Les vignerons avaient auparavant pu faire des économies qui leur ont permis de parer à ce malheur, et, depuis, ils ont du le réparer complétement.

— C'est vrai.

— Jamais je n'ai pu penser, sans la regretter, à cette union antique des maîtres et des serviteurs. Les domestiques naissaient et mourraient dans la même maison. Ils y étaient chez eux. Le partage des produits de la terre dont vous me parlez entre le propriétaire et l'ouvrier qui féconde la terre et l'arrose de ses sueurs, renoue ou retient les derniers liens de cette union si désirable entre le riche et le pauvre, entre le capital et le travail.

Ces humbles travailleurs, ces propriétaires tranquilles donnent une leçon que devrait suivre l'industrie, et qu'elle suivra si elle ne veut pas succomber sous les grèves qui la menacent sans cesse. Il conviendrait de modifier la répartition des bénéfices en assurant aux travailleurs une rétribution fixe d'abord, car l'ouvrier et sa famille ont besoin de pain chaque jour, puis en lui accordant une part dans les bénéfices.

— Vous venez de résoudre, ce me semble, monsieur, un des plus grands problèmes sociaux de notre époque.

— Plût au ciel !

Mais je m'écarte de notre sujet. Mille pardons de vous parler de choses qui ne peuvent guère vous intéresser.

— Bien au contraire. Si j'osais vous demander de poursuivre...

— Laissons cela, je vous prie, et dites-moi plutôt quelle est la récolte moyenne des vins de l'Hermitage.

— Le produit varie de 1,200 à 2,500 hectolitres, selon que l'année a été plus ou moins favorable.

— Une si grande quantité ?

— Je comprends dans ce chiffre le vin rouge et le vin de paille que fabriquent quelques grands propriétaires de cette commune.

— Du vin de paille ! fait avec du vin d'Hermitage ? Je croyais qu'on ne fabriquait du vin de paille qu'en Alsace.

— Notre vin de paille, monsieur, est cependant très recherché. C'est le vin des millionnaires et des princes.

— Il n'est pas étonnant qu'il ne soit pas parvenu jusqu'à moi : un journaliste !

Mais ce n'est pas un motif d'ignorer les qualités d'un des excellents produits de Bacchus. Nous le fêtons souvent à notre manière. Puis, on peut devenir millionnaire. Et, quand on a de l'argent, on est bientôt baron, comte et prince. Courage donc, et dites-moi comment se fabrique ce nectar.

— Le vrai vin de paille se fait en ce pays avec des raisins blancs cueillis sur la côte de l'Hermitage seulement. Nos voisins, ajouta-t-il avec un geste significatif, ont essayé de nous imiter.

— Ont-ils réussi ?

— Leurs efforts n'ont servi qu'à mieux faire ressortir notre supériorité.

Notre vin a la couleur de l'or, un parfum et un goût délicieux.

Les raisins destinés à sa fabrication sont suspendus à des perches ou étendus sur de la paille pendant six semaines ou deux mois.

— De là vient sans doute le nom de vin de paille ?

— Oui, vous l'ignoriez ?

— Je m'étais jusqu'ici contenté de savourer le produit du délicieux vin de paille de l'Alsace.

— Délicieux ! En Alsace ! Mais continuons.

Lorsque les raisins sont en partie séchés, on les égrappe et on les porte au pressoir. Le jus est très-épais et très-visqueux. Quand il a subi la fermentation, il s'élaircit et on le soutire dans les tonneaux, où il reste plusieurs années avant d'être mis en bouteilles.

C'est alors une liqueur délicieuse, bien supérieure aux vins d'Alsace.

— Vous connaissez aussi parfaitement les qualités de ce vin si j'ai bien compris le sens de votre exclamation.

— Certainement. Je sais même comment il se fabrique.

— Vraiment ! Je serais heureux de l'apprendre.

— M. le comte de B***, dont j'ai été pendant longtemps le sommeiller, avant que mon fils ne me succédât dans cette fonction, m'a envoyé en Alsace afin d'y étudier la méthode suivie, en ce pays, pour la fabrication et le traitement du vin de paille. C'est par la comparaison, me disait-il souvent, et en étudiant les progrès qui se font partout, qu'on s'instruit.

Tous les plants ne sont pas indistinctement bons pour faire du vin de paille.

En Alsace, le cépage convenable étant donné, il faut en outre qu'il soit planté en terre forte, terre à froment.

A l'époque de la vendange, le raisin est cueilli et chargé avec soin. On l'étend sur de la paille ou on l'attache à des perches et à des cordes dont les moindres coins des maisons sont munis. Ces raisins sont aussi suspendus dans les greniers, les corridors, etc., etc.

Cette dernière méthode est même préférable : la visite des raisins est plus facile que s'ils étaient étendus sur la paille. Avec un peu de soin on peut arriver à l'époque de l'égrappage avec un stock de raisins presque entièrement dépourvus de grains pourris.

A la fin de février, on fait une dernière visite avant l'égrappage. Les grains pourris sont conservés, mais les grains moisis sont soigneusement écartés.

On procède ensuite à la fabrication ; on foule les raisins dans des baquets de petite dimension et en petite quantité à la fois.

— Et pourquoi en petite quantité, demandai-je?

— C'est que le raisin est arrivé à l'état de demi-dessiccation et qu'il ne pourrait s'écraser complètement. Le centre de la masse résisterait à l'action des corps élastiques.

Les raisins foulés sont entassés dans un fût mâté sur l'un des fonds. Vingt-quatre heures après, la fermentation a suffisamment ramolli la masse. On la fait passer alors sous le pressoir.

Une barrique de vin de paille absorbe le raisin qui, avant la dessiccation, en eût produit dix barriques.

Ce vin doit être conservé en fût et en bouteilles dix à quinze ans avant d'être livré à la consommation.

— Mais il faut avoir une fortune princière pour fabriquer ce genre de vin?

— Aussi les premiers crus sont-ils destinés aux tables royales, qui payent largement le capital et les intérêts.

— Et le soin qu'on doit y apporter pendant un si long espace de temps?

— Chose singulière, ce vin n'exige presque aucun soin. Il n'est ni ouillé, ni soutiré ni collé.

Le soutirage serait très-difficile, parce qu'on devrait opérer sur un liquide sirupeux comme de l'or fondu.

Quant à l'ouillage, il est inutile. La grande quantité de sucre que contient ce vin le rend inaccessible à l'action de l'air, et partant inaltérable.

Ce que je viens de dire, concernant le travail et les soins à apporter aux vins de paille de l'Alsace, s'applique aussi aux vins de l'Hermitage, qui, je le répète, sont bien préférables à à leurs rivaux du Nord.

Je quittai mon interlocuteur à regret, et reprenant le cours de mes pérégrinations, j'arrivai à Ampuis, situé à sept lieues sud de Lyon. C'est là que se récoltent les vins de *côte-rôtie brune* et *côte rôtie blonde*. Ces vins ont du spiritueux, de la finesse, une sève et un parfum exquis. Là, on peut faire un choix agréable entre ces deux vins, à moins qu'on ne préfère savourer alternativement l'un et l'autre.

UNE VIGNE EXPÉRIMENTALE DANS L'YONNE

J'ai toujours été partisan des expériences et je suis convaincu que nos agriculteurs et surtout nos viticulteurs n'en font pas assez.

La terre, cette mère nourricière du genre humain, nous ouvre toujours son sein ; sachons y puiser la vie qu'elle nous offre.

Les pratiques viticoles les plus opposées, qui s'excluent et se combattent, sont trop souvent appliquées sans règle, sans principe, sans lumière. Chaque province, chaque département, chaque canton vignoble est convaincu que sa viticulture traditionnelle est la meilleure, qu'elle constitue le dernier mot de l'art et de la science viticoles. C'est ainsi que la culture de la vigne et la vinification sont abandonnées à une anarchie complète.

Cependant un ordre bien entendu et le progrès sont aussi nécessaires en viticulture qu'en politique.

Il est vrai que le vigneron est souvent impuissant à distinguer quel est le meilleur système et surtout celui qui peut le mieux s'appliquer au centre viticole où il se trouve, mais ce qu'un vigneron ne peut faire, les riches propriétaires peuvent et doivent le tenter.

Le progrès est la loi du genre humain. Il est dans notre nature. L'homme est l'animal chercheur par excellence. C'est sa mission, c'est sa gloire.

Nous avons vu avec satisfaction les efforts qui se font pour perfectionner la viticulture dans l'Yonne, les expériences qu'on a tentées et les progrès réalisés.

La Société de viticulture y a créé, il y a quelques années, une *station viticole*. C'est une vigne d'un hectare divisée en plusieurs carrés affectés chacun à un système de culture différent, en vue de comparer les systèmes en vogue.

J'ai eu la bonne fortune de visiter dernièrement cette vigne expérimentale et je vais essayer de faire part à mes lecteurs de mes impressions et des connaissances que cet examen m'a données.

Lorsqu'on apprit que j'étais venu expressément pour saisir la nature sur le fait et étudier les divers systèmes mis en pratique dans cette vigne expérimentale, on s'empressa de me fournir tous les renseignements désirables.

Cette vigne occupe un sol pierreux. Elle est divisée en plusieurs carrés affectés chacun à un système différent de culture.

Le premier carré est cultivé suivant la méthode du pays. Les ceps sont en lignes espacées de 83 centimètres. Tous les cépages blancs et rouges usités dans le département y figurent. Cette partie est déjà en plein rapport. Je connaissais ce système. Je l'examinai sans faire d'observation. Mais il n'en fut pas de même lorsque j'arrivai au carré suivant. J'avais en face de moi une vigne élevée en treilles paillassées à l'aide de fils de fer.

— De qui est ce système? demandai-je.

— De M. Gentil-Jacob.

— Mais cette vigne a-t-elle été plantée en même temps que la précédente?

— Oui, Monsieur.

— C'est étrange. Elle n'a pas l'aspect aussi favorable que la vigne voisine.

En effet, Monsieur, ce système n'est pas aussi avantageux aux gros cépages : Le *gamay* et le *tressof*. Ils donnent beaucoup de raisins, mais ils sont grêles et ne semblent pas devoir acquérir une parfaite maturité.

Mais si vous voulez bien jeter les yeux sur les treilles qui se trouvent à votre droite, vous remarquerez des ceps vigoureux, de beaux raisins qui mûrissent bien.

— D'où vient cette différence?

— Ce sont des plants de *Romain* et de *Pineau*. Le système est plus favorable aux vins fins, sans que toutefois il soit aussi avantageux que le système Auxerrois.

Rayons donc M. Gentil-Jacob et son système de nos papiers.

— Non pas, s'il vous plaît. Ce genre de culture présente l'immense avantage de protéger le cep contre la grêle. C'est un point très-important pour les vins fins surtout.

— Passons au compartiment où j'aperçois une vigne sans échalas et taillée en *groseiller*. Le fruit en est beau et assez abondant. L'aspect de la vigne est peu attrayant, mais ce mode de viticulture doit éviter au propriétaire d'énormes frais d'échalassement. Qu'en pensez-vous?

— Vos réflexions sont justes ou du moins je les approuve. Mais comme ce carré est planté depuis six années seulement, on ne peut encore se prononcer définitivement sur les avantages et les inconvénients de ce système dû à M. Turiellet.

— Mais à quel système avez-vous réservé la partie inférieure du Clos? Ce n'est certes pas à un de vos amis.

— Bien au contraire. J'ai beaucoup lu les ouvrages de M. Guyot. Nous avons regretté toutefois que la nature du sol, dont nous n'avions pas prévu tous les effets fâcheux ait arrêté l'essor de la vigne. Ce mode de culture n'a pu être appliqué efficacement qu'à ces quelques perches que vous voyez là-bas.

— Que pensez-vous de cette méthode?

— Elle promet de beaux résultats. Mais il est à craindre qu'elle ne fatigue la vigne et ne l'épuise prématurément.

— Quel est ce carré dont les plants sont placés à un mètre en tous sens et en quinconce?

— C'est l'application du système Auxerrois modifié. Remarquez, Monsieur, combien la végétation en est vigoureuse! Esprit de clocher à part, ce système ne promet-il pas les plus belles espérances?

— Certainement.

Mais les cépages que j'aperçois plus loin dans ce carré me semblent étrangers au pays.

— Ce sont en effet des cépages étrangers. L'Auvergnat de Saint-Aï, le Groslot de Saint-Mard, le plant Mercier, le Franc-Noir, le Pineau de Marseille, le Cot du Cher, l'Orléans de Joué-les-Tours, etc.

Nous nous proposons de planter un carré d'une superficie égale aux autres, dans lequel nous ferons entrer ces différents cépages, qui contribueront, nous l'espérons du moins, à accroître la richesse du vignoble Auxerrois.

— Je ne saurais trop approuver ces essais méthodiques et rationnels. L'expérience guidée par la science donne toujours d'heureux résultats.

— Nous ne sommes pas des savants, Monsieur.

— Vous êtes mieux que celà, vous êtes des hommes pratiques.

SIXIÈME HALTE.

MACONNAIS. — BEAUJOLAIS. — LAMARTINE SPÉCULATEUR EN VINS.

Qui ne connaît le vin de Mâcon?

C'est sous ce nom que se vendent et se consomment les produits vinicoles du Beaujolais aussi bien que du Mâconnais.

Il y a cependant une distinction à établir entre ces deux vins. Quoiqu'ils soient l'un et l'autre légers, agréables et bientôt prêts à la consommation, le mâcon a plus de force et de vinosité que le vin du Beaujolais qui ne se distingue que par sa finesse.

Qu'on ne se fasse pas illusion cependant, cette finesse est relative. Les vins de ces deux contrées ne sont pas classés parmi les vins fins, mais justement estimés comme bons vins d'ordinaire; ceux des premiers crus seuls se distinguent et figurent avec honneur à l'entremets.

Tels sont les renseignements que me donnait, avec beaucoup d'affabilité, un propriétaire mâconnais, M. Lacharme, qui fait aussi un grand commerce de vins.

— Auriez-vous l'obligeance, lui demandai-je, de me dire ce qui manque surtout à ces vins?

— Ce qui leur fait défaut, c'est le bouquet, qui les empêche de lutter avantageusement avec les vins de la Côte-d'Or.

Nos vins sont en général corsés, spiritueux; cependant on ne peut les conserver aussi longtemps que leurs rivaux.

Enfin, quelques-uns de nos vins sont trop fumeux.

— Fumeux! Qu'entendez-vous par là?

— On appelle ainsi les vins dont les parties spiritueuses se volatilisent promptement et montent au cerveau.

— J'ai remarqué, Monsieur, que la consommation du vin de Mâcon est considérable, à Paris surtout. Les contrées qui produisent ces vins sont donc bien étendues, car le prix du mâcon n'est pas assez élevé pour tenter la contrefaçon?

— Le Mâconnais et le Beaujolais renferment plus de 40,000 hectares de vignes produisant annuellement environ un million d'hectolitres de bon vin, dont j'aurai l'honneur de vous faire goûter, dans une heure, le moulin-à-vent, qui est le meilleur cru de cette contrée.

Nous étions arrivés sur le quai où se trouve la demeure de M. Lacharme, qui m'invita gracieusement à monter avec lui en voiture.

Bientôt nous traversons le pont Romain et ses treize arches régulières qui relient les deux ponts de la Saône. Nous suivons pendant quelque temps le fleuve, aux îles couvertes de saules et d'osiers, et dont le cours est bordé de charmants villages.

Les immenses plaines de la Bresse et les belles montagnes du Mâconnais que l'on aperçoit à l'horizon, forment un contraste agréable et qui repose la vue.

Le temps passe vite lorsqu'on contemple la belle nature. Bientôt nous fûmes à trois lieues de Mâcon, au hameau des Torins, dans la commune de Romanèche.

C'est à Torins que se récoltent les vins les plus fins et les plus délicats du pays. Ils ont de la légèreté, beaucoup de spiritueux, de la séve et un joli bouquet.

Chenas, contigu à Torins, produit des vins d'une belle couleur, plus corsés et plus spiritueux que les précédents. On peut les conserver en fût pendant trois à quatre années. En bouteille ils acquièrent de la finesse et du parfum.

Les vins de Torius sont plus fins et plus précoces, mais ceux de Chenas ont plus de corps, durent plus longtemps et finissent mieux.

Le mélange, qui en général dénature les vins, est favorable aux produits de ces deux crus. Leur réunion forme un vin parfait, dans lequel on obtient la finesse et le parfum du premier avec le corps et la force du second.

— Mais pourquoi, demandai-je au vigneron qui me donnait ces renseignements, le coupage est-il nuisible aux vins?

— C'est que les vins ont une séve et un bouquet particuliers qui se nuisent, se neutralisent, se détruisent même par le mélange.

— D'où viennent les bons résultats exceptionnels que vous signalez dans les vins de Chenas et de Torins?

— Les vins des deux villages ont la même séve et le même bouquet; ils ne diffèrent que par la force de l'un et la finesse de l'autre, dont le mélange forme naturellement un bon alliage.

Le Moulin-à-vent, situé au hameau de Torins, a naturellement les qualités que le mélange donne aux autres vignobles, mais il les possède à un degré supérieur et se distingue surtout par sa finesse et sa délicatesse.

Nous visitâmes aussi le village de Fleury, dont les vins sont légers, fins, délicats, et participent aux qualités qui distinguent les vins de Torins tout en leur restant bien inférieurs.

Les vins de Julienas sont assez corsés, de belle couleur, mais la finesse leur fait défaut.

Les dégustations souvent renouvelées avaient fatigué notre palais, et nous rendaient presque incapables de bien juger encore des vins des autres villages, qui d'ailleurs, si j'en crois l'expérience de M. Lacharme, se confondent parmi les vins ordinaires.

Nous résolûmes de rentrer à Mâcon et de réparer nos forces avant de nous rendre dans les vignobles qui produisent les vins blancs et qui se trouvent à deux lieues au nord de la ville, tandis que tous les vins rouges que nous venions de déguster se récoltent au midi.

Pouilly est situé à deux lieues au nord de Mâcon. Ses vins blancs sont très-estimés et figurent avec honneur dans la troisième classe des vins de France. Ils sont moelleux, fins, corsés, agréables ; ils ont du bouquet et surtout beaucoup de spiritueux. On leur reproche avec raison d'être trop fumeux. Il est donc prudent de n'en boire qu'avec modération.

Ces vins doivent être gardés deux ans en tonneaux. Mis plus tôt en bouteille, ils sont sujets à fermenter.

Non loin de Pouilly se trouve le village de Fussé, dont les vins participent aux qualités du Pouilly, mais sont moins spiritueux.

Cette contrée produit beaucoup de vins

blancs, qui sont tous agréables, même les vins communs.

En rentrant à Mâcon, nous passâmes auprès du Château de Milly, que l'illustre poëte Lamartine a fait connaître dans le monde entier.

Une grande allée y conduit. C'est un château moderne situé dans une belle plaine, mais qui se distingue surtout par le génie qui l'habitait. Je ne me permettrai pas d'en faire la description après celle que nous lisons dans les *Confidences* du poëte.

Lamartine, lui aussi, était vigneron. Il se fit spéculateur en vins. Mais ses opérations ne servirent qu'à agrandir le gouffre béant et sans fond de son infortune. De tels esprits ne devraient pas être assujettis aux misères de la vie. Ce sont précisément ceux-là qui souffrent le plus parce qu'ils sentent mieux.

Mon guide me raconta ce qui suit :

Il y a quelques années, me dit-il, M. de Lamartine avait acheté les récoltes d'un grand nombre de vignobles. Alors déjà il avait de nombreux créanciers. Parmi eux se trouvait Mme la baronne de ***. Elle m'aborda un jour et me dit :

— Voulez-vous gagner 40,000 francs, Monsieur?

— Pouvez-vous en douter, Madame? Mais que devrais-je faire pour obtenir cette aubaine, ajoutai-je, en souriant d'un air d'incrédulité?

— Vous croyez que je plaisante, n'est-ce pas?

— Quelque peu, Madame.

— Eh bien! c'est sérieux cependant. M. de Lamartine me doit 160,000 francs ; achetez-lui des vins pour cette somme; vous le payerez avec des effets que je passerai à votre ordre.

— Il me semblait bien qu'il s'agissait de quelque impossibilité.

— Comment?

— Vous n'ignorez pas, Madame, que le peuple mâconnais est fier de M. de Lamartine, qu'il voit avec peine les embarras financiers de l'illustre poëte et qu'il me ferait un mauvais parti si je vous prêtais la main en cette occurence. Vous êtes millionnaire, Madame, tandis que l'illustre poëte se débat contre ses créanciers, qu'arrête toutefois l'admiration publique, car on écharperait l'huissier qui aurait l'audace de signifier un exploit à l'idole de la contrée.

DU MÉTAYAGE VITICOLE.

Deux grands mobiles des actions de l'homme sont l'intérêt et le sentiment. Autrefois maîtres et serviteurs ne formaient qu'une seule famille, naissant et mourant sous le même toit; les fermiers s'attachaient aux maîtres et à la propriété par des baux de 99 ans. De nos jours tout est bien changé : les serviteurs ne considèrent leurs maîtres que pour les jalouser, et les propriétaires augmentent de jour en jour leurs baux comme s'ils s'empressaient de jouir d'une terre qui va leur échapper.

Telles sont les réflexions que je faisais à mon guide en passant près du Creuzot.

— Votre réflexion est fort juste, Monsieur, me dit mon interlocuteur, lorsqu'elle s'applique aux contrées industrielles comme le Creuzot ou à la culture en général, mais il est d'heureuses exceptions. Dans la contrée viticole que vous venez de visiter, le Beaujolais, et dans celle où vous vous rendez, la Côte-d'Or, le métayage viticole ou vigneronage est encore en usage.

— Vraiment! Mais en quoi consiste en ces contrées le métayage viticole? Quels sont les rapports du propriétaire et du vigneron?

— Ces rapports et les conditions du travail diffèrent suivant les contrées. L'usage n'est pas le même dans la Bourgogne que dans le Beaujolais et l'Armagnac où le métayage fleurit principalement.

Le temps a aussi exercé une action peu favorable, surtout en Bourgogne, et tend même à relâcher de plus en plus les liens qui unissent le capital et le travail, le propriétaire et le vigneron.

Dans le Beaujolais les *vineries* se composent

en général d'un hectare de vigne. Une certaine étendue de pré et de terre suffisante pour nourrir une famille et deux vaches y est adjointe. Les vaches font les charrois tout en donnant du lait qui appartient au vigneron. Le fumier est destiné à la vigne.

En Armagnac, les conditions du contrat reposent sur les mêmes bases tout en offrant cependant quelque différence. Le propriétaire fournit non-seulement le sol et le logement, mais aussi les bœufs d'attelage qui servent à cultiver la vigne à la charrue. D'autres avances de cheptel donnent lieu à des partages assez compliqués.

Vous voyez, Monsieur, que ces rapports unissent bien intimement les propriétaires et les vignerons du Beaujolais et de l'Armagnac. Mais il n'en est pas de même en Bourgogne, où un grand nombre de propriétaires font cultiver leur vigne à la tâche ou à la journée.

Dans les domaines où le vigneronage est en usage, le propriétaire se charge des grosses réparations et des transports de terres. Il dirige la fabrication du vin et fournit les cuves et le pressoir. Au vigneron incombe le soin de cultiver, de fumer, d'entretenir les échalas et de faire les vendanges. Lorsque le vin sort du pressoir, le propriétaire et le vigneron font le partage de la cuvée et chacun dispose à son gré de la moitié qui lui revient.

Autrefois le partage ne se faisait pas immédiatement après les vendanges. Le propriétaire gardait, logeait et entretenait le vin jusqu'à la vente qu'il était chargé de conclure. Les tendances séparatives et l'égoïsme ont scindé deux produits qui sont cependant si intimement unis. Puis le vigneron ne loge plus guère, comme autrefois, dans les bâtiments d'exploitation et prend plus rarement encore à fermage un coin de terre ou de pré qu'il payait jadis soit en soignant le jardin du propriétaire soit en donnant gratuitement quelques journées.

Cependant c'est sous l'égide de la coopération entre le capital et le travail que la prospérité viticole s'est développée. En effet l'ouvrier qui travaille à la tâche se hâte trop, afin d'augmenter le produit de son travail et une surveillance bien active doit être exercée sur le vigneron qui est rétribué à la journée. Comparez les vignes des grands propriétaires qui exploitent eux-mêmes à celles qui sont soignées sous le régime du métayage ou qui appartiennent à de petits vignerons, vous remarquerez que ces dernières sont bien souvent luxuriantes tandis que les autres laissent beaucoup à désirer. C'est que l'homme qui travaille pour lui-même est poussé à bien faire par l'appât de l'intérêt.

L'union du propriétaire et du vigneron tend naturellement au progrès viticole. Tandis que le vigneron donne son activité et la perfection du travail, le propriétaire fournit ses capitaux, les connaissances acquises, l'étude des progrès incessants et des découvertes qui s'opèrent en viticulture.

SEPTIÈME HALTE.

LE CLOS-VOUGEOT ET LE MUSIGNY-VOUGEOT. — VOSNE. — LE CHAMBERTIN. — L'ABBAYE DE CITEAUX ET LE LIEUTENANT D'AUXONNE.

A tout Seigneur tout honneur : J'ai voulu saluer le roi des vins de Bourgogne. Pour parvenir jusqu'à lui, j'ai parcouru non pas d'un œil distrait, mais avec la rapidité de la locomotive, la Côte d'or, ainsi nommée à cause de la richesse de ses produits.

Lorsqu'on vient du Midi et qu'on a dépassé Châlons sur Saône, la côte s'élève à gauche du chemin de fer. Rarement elle atteint une hauteur de quatre-vingt pieds.

On aperçoit d'abord dans le lointain et au fond d'une gorge Santenay, puis Chassagne, au milieu de la côte, Puligny où se récolte le célèbre vin de Montrachet, le roi des vins blancs, Volnay, le vin le plus délicat de la côte, Beaune et ses remparts du moyen âge, Savigny dans un enfoncement, Aloxe dominé par le Corton, puis deux lieues de rochers presque abrupts, Nuits aux vins corsés et spiritueux, Vosne et ses vins si soyeux, enfin Vougeot!

Vougeot n'impose point par sa position. Ce n'est pas l'orgueil du hêtre, c'est le charme de la violette. Ce clos s'étend à peu près en carré au bas d'une colline. Des murailles le protégent contre les désirs immodérés des passants.

Mais le Clos-Vougeot mérite une mention spéciale, un article historique qu'on pourra lire plus loin.

A côté du Clos et mieux exposé que lui se trouve le Musigny qui participe à toutes ses qualités. J'ai dégusté dans les caves de M. le comte de Voguë, qui sont si habilement dirigées par son intendant M. Jorrot, du vin qui rivalisait en finesse et en moelleux avec le Clos, au point que bien des connaisseurs exercés pourraient à peine déterminer lequel de ces deux produits si recherchés est le plus digne de porter la couronne du mérite.

Le Clos et le Musigny-Vougeot étant les deux seuls vins fins que produit le village de Vougeot, je n'y trouvai pas de commissionnaire en vins. Qu'y feraient-ils?

Mais à Vosne qui est situé à deux kilomètres à peine du Clos, j'eus l'avantage de me mettre en rapport avec M. Noirot qui réunit les connaissances fort rares de la culture de la vigne, de la fabrication des vins et des soins qu'il faut y apporter pour les conserver et les améliorer. Il est lui-même propriétaire d'un clos recherché, le Murgey dont le produit participe à la fois de la vinosité du vin de Nuits et du charme des Vosnes.

M. Noirot voulut bien me renseigner sur les qualités qui distinguent les bourgognes des autres vins de France, et surtout il précisa en vrai connaisseur les qualités, les défauts des différents crus et les nuances perceptibles seulement pour les gourmets.

— Les vins des premiers crûs de Bourgogne, me dit-il, réunissent dans de justes proportions toutes les qualités qui constituent les vins parfaits.

Chaque cru a un bouquet qui lui est propre et qui ne se développe souvent qu'au bout de trois ou quatre ans.

Tout mélange, toute addition quelconque nuit à ces crus et surtout au bouquet.

— D'où vient que le mélange est plus nuisibles aux vins de Bourgogne qu'il ne le serait aux autres vins?

— C'est que chaque cru ayant son arome particulier, le mélange des deux vins de localités différentes réunit deux bouquets qui parfois se neutralisent et toujours forment un ensemble défectueux. Le vrai dégustateur aime surtout les vins francs de goût. C'est ainsi que deux vins de première classe ne produisent plus que des vins de deuxième et quelquefois même de troisième classe.

Ce qui distingue aussi les vins rouges de la Côte-d'Or, c'est qu'ils joignent à une belle couleur, beaucoup de parfum et un goût délicieux. Ils sont à la fois corsés, fins et spiritueux sans être fumeux.

— Qu'entendez-vous par vins fumeux?

— Cette expression est employée pour caractériser les vins dont les parties spiritueuses se volatilisent promptement et montent au cerveau. C'est le défaut des vins des environs de Tonnerre.

— En quoi se distingue la Romanée-Conti et quelle est la production de ce clos?

— Ce clos qui n'est que d'une contenance de 1 hectare 72 ares, ne produit guère que 10 à 12 pièces; mais la Romanée-Saint-Vivant, son rival en mérite, renferme 10 hectares, dont le rendement est de 50 à 55 pièces.

Ces vins sont remarquables par leur belle couleur, leur arome spiritueux, la délicatesse et la finesse de leur goût.

— Mais le Chambertin n'est-il pas supérieur à la Romanée?

— S'il est vrai qu'un grand nombre de gourmets préfèrent la Romanée-Conti au Chambertin, il en est bien peu qui ne trouvent le Chambertin supérieur à la Romanée-Saint-Vivant.

Le Chambertin joint comme la Romanée une belle couleur à beaucoup de moelleux et de finesse, mais il se distingue surtout par une séve qui lui est propre et un bouquet des plus suaves. Le crû dont l'étendue est de 25 hectares, produit 130 à 150 pièces.

— Et que pensez-vous du Richebourg?

— Ce clos situé près de la Romanée participe aux qualités de ce vin. Mais il est moins coloré, moins fin, moins délicat. Il est remarquable par beaucoup de séve et de bouquet. 25 à 30 pièces, telle est la récolte annuelle de ce clos de 6 hectares.

A Vosne, je distinguai un excellent vin chez M. Mongeard, beau-père de M. Noirot.

Deux vieillards me reçurent avec cette affabilité et cet abandon qui distinguaient nos ancêtres et me rappelèrent Philemon et Baucis. Là, je dégustai un vin exquis, produit de vieilles vignes situées près de la Romanée, du Richebourg et du Clos-Vougeot. Vraiment si ces vins avaient appartenu à quelque propriétaire riche ou titré, on en aurait obtenu avec un classement élevé des prix très-rémunérateurs.

En effet, ces produits avaient de grands éléments de finesse et de conservation. Emanant de vieilles vignes qui produisent moins que les jeunes plants et donnent du meilleur vin ; provenant de terres privilégiées par le sol et l'exposition, les vins du père Mongeard pouvaient rivaliser avec le Richebourg. S'ils n'en avaient pas tout à fait la finesse, ils se distinguaient par leur moelleux.

De Vosne je me dirigeai vers la petite ville de Nuits qui n'en est distante que de trois kilomètres. Là, le Saint-Georges a beaucoup de ressemblance avec le Chambertin, auquel il est toutefois inférieur. Il a plus de couleur et de corps que les vins de Vosne, mais il est inférieur au Richebourg et à la Romanée qui se distinguent par leur finesse et leur délicatesse.

A Nuits on me montra une gravure dont on m'expliqua la signification historique qui ne manque pas d'intérêt et qui prouve une fois de plus que les sentiments chrétiens, dans lesquels fut élevé l'empereur Napoléon Ier, le portaient instinctivement, même dans ses égarements, à respecter la religion.

C'était à l'époque de l'effervescence des passions révolutionnaires, en 1791. Le lieutenant Bonaparte était en garnison à Auxonne. Loin de se livrer à la vie de garnison qui est formée d'oisiveté et de vice, il se retirait souvent dans la campagne qu'il parcourait, un livre à la main. On montre encore, près d'un petit oratoire sur la lisière de l'une des sombres forêts qui entourent Auxonne, un chêne où le jeune lieutenant étudiait, en priant sans doute le Dieu des armées, la science qui devait faire de lui le héros des temps modernes.

Soudain un ordre part du comité républicain de Dijon et enjoint au commandant d'Auxonne d'expulser les religieux de l'abbaye de Cîteaux, qui se trouve à trois lieues de Nuits. C'est le lieutenant Bonaparte que le commandant charge de mettre cet ordre à exécution.

Lorsqu'il entra dans ce vaste édifice, sanctifié par la prière, les religieux n'étaient plus là. Ceux qui s'appelaient les patriotes avaient devancé les ordres du comité républicain et chassé les moines. Pendant que Napoléon méditait en parcourant les cloîtres solitaires, les cellules abandonnées précipitamment et respirant encore le parfum de la vertu qui les avait si longtemps habitées, un soldat passa près de lui avec deux vases sacrés, qu'il avait enlevés au sanctuaire.

— Mon officier, dit-il, nous allons nous divertir ce soir, avec cela.

Mais le jeune lieutenant le regardant de cet œil sévère qui devait plus tard faire trembler les rois, lui répondit sévèrement :

— Nous ne sommes pas ici pour nous divertir. Qu'on respecte tout ce qui appartient au culte. Je le veux. Je l'ordonne.

Et, pour être plus certain que ses ordres seraient exécutés, il fit porter tous les vases et les ornements sacrés dans la chambre où il passa la nuit.

La gravure dont je vous parle plus haut, représente le jeune lieutenant d'Auxonne appuyé sur le bord de son lit, la tête penchée entre ses doigts, dans une attitude qui revèle la fatigue et la préoccupation. Ses regards se portent sur une crosse et une mitre d'abbé, un ostensoire, un ciboire, un crucifix, un encensoir et quelques chandeliers.

Bonaparte, dans sa gloire, n'oublia pas l'abbaye de Cîteaux.

Après son immortelle campagne d'Italie, il passa à Dijon, le 18 juillet 1800.

Il se rappela l'abbaye de Cîteaux et le Clos-Vougeot qu'il avait dégusté dans les caves du monastère ; il en fit demander. On s'adressa à dom Goblet, le dernier des pères celleriers qui, de l'abbaye de Cîteaux, s'était retiré à Dijon.

Le vieux moine répondit : « S'il veut boire du Vougeot de quarante ans, qu'il vienne chez moi. Je n'en vends pas. »

Et le général vainqueur de l'Autriche, voulant témoigner sa déférence au religieux que le lieutenant avait reçu l'ordre d'expulser, accepta l'invitation un peu bourrue qui lui était faite par le vieux moine.

LE CLOS-VOUGEOT.

Au onzième siècle, le terrain qui devait produire ce nectar était encore couvert de plants communs qui ne donnaient qu'un produit de peu de valeur. Les moines de Cîteaux, dont l'abbaye se trouve à onze kilomètres de Vougeot, en devinrent propriétaires au treizième siècle. Ils ne tardèrent pas à reconnaître, dans la nature et l'exposition de ce sol, des qualités précieuses pour la vigne, qu'ils développèrent encore par le choix des cépages. Ils proscrivirent *l'infâme gamay*, plant productif, mais de médiocre qualité. Le pineau seul y fut admis. Les moines, en habiles viticulteurs, comprirent qu'il fallait surtout produire une qualité supérieure.

Le village de Vougeot tire son nom d'une petite rivière, la Vouge, qui prend sa source un peu au-dessus du clos et passe à Cîteaux. Le clos, qui a fait connaître le nom du village dans le monde entier, contient 48 hectares entourés de murs. Son exposition en pente douce est tournée vers le sud-est. L'étendue est trop considérable pour que ses produits aient partout la même qualité. Les nuances sont marquées, mais elles disparaissent par le mélange qui se fait maintenant au moment des vendanges.

Autrefois, les moines de Cîteaux agissaient mieux. Ils faisaient trois cuvées séparées. Les vins produits par la partie supérieure du clos ne se vendaient pas, ils étaient trop exquis. L'abbé les réservait pour en faire présent aux têtes couronnées. Ceux de la partie moyenne, presque égaux en qualité, se vendaient très-cher, et allaient égayer les festins des plus puissants princes. Enfin la troisième cuvée, sans avoir le même mérite, n'en était pas moins appréciée par les plus fins et les plus riches gourmets.

Ce vin se distingue par sa délicatesse, sa finesse, son arome et sa belle couleur.

Au haut du clos et au nord se trouvent quatre antiques pressoirs, énormes et grossières machines construites par les moines de Cîteaux. Une vaste cuverie, qui ne mesure pas moins de 100 pieds de long sur 35 de large, renferme 34 cuves contenant ensemble 450 pièces de 228 litres, soit le chiffre énorme de 102,600 litres, ce qui n'excède pas cependant la cueillette d'une journée.

A côté de ces cuves se trouvent une centaine de foudres dont quelques-uns contiennent 12 pièces, soit ensemble 2,500 hectolitres environ. Ces foudres ont été fabriqués en chêne d'Allemagne par des ouvriers rhénans.

Deux celliers, l'un de 5 mètres de haut, l'autre de 3, peuvent contenir 1,000 pièces. Au moyen de fenêtres à lancette, on y règle à volonté la température de façon à la maintenir toujours, même au milieu des plus grandes chaleurs ou des froids les plus vifs, entre 5° et 12° au-dessus de zéro, car il a été reconnu que cette température est absolument nécessaire à la bonne qualité du vin.

En 1551, un abbé de Cîteaux, dom Jean Loisier, commenca, dans le clos, la construction d'un château qui ne fut jamais achevé. On y remarque cependant de belles portes et de belles cheminées, style Renaissance.

Jusqu'à la Révolution, le clos appartint à la célèbre abbaye de Cîteaux. Il fut vendu comme bien national, avec de Richebourg et quelques vignes environnantes, de moindre valeur.

L'acquéreur fut M. Focard, propriétaire à Paris. Ces terres lui furent adjugées le 17 janvier 1791, moyennant la *somme énorme*, à cette époque, de 1,240,600 fr., non compris le douzième, ce qui portait le prix du clos seul à environ UN MILLION.

Mais que l'on ne s'étonne pas de l'élévation de ce prix. Le Clos-Vougeot, jouissait alors d'une réputation, sinon plus étendue qu'aujourd'hui, du moins plus méritée.

Aujourd'hui le pineau noirien, ce plant auquel nos vins doivent une grande partie de leur célébrité, n'est plus seul cultivé dans le clos. On y rencontre un autre cépage dont les produits sont moins délicats et moins fins : le Chardenay s'y-est glissé. Quoiqu'il n'y atteigne plus que la proportion d'un quinzième, sa présence seule suffit pour nuire à la valeur et à la conservation du vin.

Le Clos-Vougeot a eu successivement pour

propriétaires : MM. Focard, Touton, Ravel et Ouvrard.

Il a été mis en vente par les héritiers de M. Ouvrard, en novembre 1869.

M. le marquis de la Garde, grand propriétaire de la Dordogne, et marié à une Rochechouart, nièce et héritière pour un quart de M. Ouvrard, a poussé la surenchère jusqu'à 1,632,000. On le croyait déjà propriétaire du fameux Clos, lorsque M. le baron Thénard, membre de l'Institut et du conseil général de la Côte-d'Or, à mis üne surenchère.

Mais un nouvel enchérisseur, M. Bauzon, avoué de M. le marquis de la Garde, a offert 1,902,500 fr. Le clos lui a été adjugé.

HUITIÈME HALTE

LE CORTON. — VOLNAY. — LE ROI DES VINS BLANCS. — LES SOUTIRAGES.

Pan, pan.

— Monsieur, Monsieur.

— Qu'y a-t-il demandai-je en m'étirant dans mon lit?

— M. Noirot vous demande.

— Très-bien... ou plutôt très-mal, me disais-je à moi-même.

Pourquoi vient-il de si grand matin?

La veille j'avais proposé à M. Noirot de faire une course matinale dans les vignes. On est si courageux le soir et parfois si paresseux le matin!

Le vigilant vigneron, lui, s'était levé avec le soleil, et avait déjà franchi les trois kilomètres qui séparent Vosne de Nuits où j'avais établi mon quartier général.

J'aime à respirer l'air frais du matin, surtout lorsque ma promenade est égayée par les chansons des travailleurs.

A quinze jours d'intervalle, j'assistai aux vendanges du Bordelais et de la Bourgogne. Les mêmes causes produisaient les mêmes effets. En Bourgogne comme dans le Bordelais, l'abondance de la récolte répandait partout la joie.

— Apercevez-vous là-bas, me dit mon guide, cette colline arrondie en forme de fer à cheval et surmontée d'une forêt qui semble la couronner.

— Parfaitement.

— Eh bien ! C'est là que se récolte le Corton qui jouit d'une si grande réputation parmi nos vins.

— En quoi le Corton se distingne-t-il des autres vins de la Côte ?

— Le Corton est très-coloré, corsé et vigoureux. Il se conserve longtemps et supporte facilement le transport par mer. Comme le Saint-Georges il a beaucoup de moelleux, mais il lui est inférieur en agrément.

Au bas de la montagne se trouve le village d'Aloxe dont les vins participent aux qualités du Corton.

Lorsque nous arrivâmes à Aloxe, nous aperçûmes, à trois kilomètres, encaissé entre trois montagnes, Savigny dont les vins sont mous et manquent surtout de fumet.

Heureusement pour la réputation des vins fins de la Côte-d'Or que le territoire de Savigny est restreint, tandis que la Côte de Beaune, dont les vins sont fins et délicats, a plus de deux lieux d'étendue. Elle s'étend de Savigny à Pomard. La ville de Beaune est au centre du vignoble qui porte son nom. C'est une ville calme s'il en fût, et qui n'a d'animation qu'au moment des vendanges et lors des expéditions des vins pour l'étranger, avant ou après les chaleurs ou les froids qui leur sont presque également nuisibles.

Beaune produit les vins les plus *francs de goût* de toute la Bourgogne, ils n'ont d'autre saveur que celle que donne le raisin.

Pomard et Volnay qui n'en est séparé que d'un kilomètre, sont dominés par deux collines où se récolte les meilleurs vins rouges de la Côte de Beaune.

Le Volnay est sans contredit le vin le plus délicat et le plus agréable de la Côte et même de la France. Il a une séve et un bouquet d'une súavité extraordinaire. Mais malheureusement ces vins sont sujets plus que tout autre produit de la Bourgogne à devenir amers, surtout lorsqu'on n'a pas soin de les mettre en bouteille, après un an de cercle. Cependant le Santenay qui se récolte sur les confins du territoire de Meursault et qui est considéré comme vin de Volnay a plus de corps et se conserve plus longtemps.

Les vins de Pomard participent aux qualités du Volnay. Ils l'emportent en corps et en couleur, mais ne peuvent lutter en finesse et en agrément.

En sortant de Volnay, nous arrivâmes à Meursault, village renommé pour ses vins blancs et à Puligny où se récolte le fameux Montrachet.

La nature a des caprices étonnants. Meursault et Puligny qui produisent les meilleurs vins blancs de la Côte-d'Or et peut-être de la France, se trouvent enclavés entre les villages de Volnay et de Chassagne qui ne récoltent que des vins rouges.

Les vins de Chassagne sont mous et manquent de franchise de couleur parce qu'on y cultive quelques plants qui produisent du vin rosé. Mais à Santenay les vins sont délicats et d'une belle couleur.

C'est au milieu de ces vins rouges que se trouve la perle des vins blancs : le Montrachet.

Quoique tous les vins de ce cru soient récoltés sur le même terrain et proviennent du même plant, il y a des différences sensibles entre le Montrachet, le Chevalier Montrachet et le Bâtard Montrachet.

Ce qui fait le mérite du Montrachet c'est qu'il se récolte sur la partie de la montagne qui est exposée au levant et au midi. Il réunit toutes les qualités qui constituent un vin parfait. A beaucoup de spiritueux et de finesse, il joint une sève et un bouquet suaves et se distingue par un goût de noisette très-agréable et qui lui est particulier.

Tout en participant aux qualités de son aîné, le Chevalier Montrachet doit lui céder le pas, parce que ses mérites sont moins transcendants.

Le Bâtard Montrachet suit de près le Chevalier et partage souvent avec lui les éloges des connaisseurs. Pour les vins comme pour les hommes, la recherche de la paternité devrait être interdite. Ce sont les mérites seuls qui doivent acquérir le premier rang.

Meursault situé à côté de Puligny produit des vins blancs qui sont parfois vendus à l'étranger pour des Montrachet. Cependant s'il y a entre ces deux vins quelques traits de ressemblance, l'un n'est en général que le pâle reflet de l'autre. Quelques crus seuls peuvent lutter, tout en lui restant inférieurs, avec le Bâtard Montrachet : ce sont le Côteau de la Perrière, la Goutte-d'Or et les Charmes. Quels beaux noms et quels produits savoureux lorsqu'ils ne sont pas éclipsés par la présence du Montrachet !

La Côte-d'Or ne produit pas d'autres vins blancs qui puissent être comparés aux Meursault. Mais dans la Basse-Bourgogne, les environs de Tonnerre et d'Auxerre, possèdent des crus remarquables par leur corps, leur finesse et leur spiritueux.

A trois kilomètres de Tonnerre, dans le village de Junay, j'ai dégusté le cru de Vaumorillon dont le produit rivalise avec plusieurs des premières cuvées de Meursault. A Epineuil, nous avons distingué les Grisées.

Quoique Chablis, situé à 16 kilomètres d'Auxerre, produise beaucoup de vins blancs, cependant aucun de ses crus ne peut lutter avec les Vaumorillon et les Grisées. Mais là encore, le nombre l'emporte sur le mérite et quoique ces crus ne fassent partie que de la deuxième classe des vins français et prennent rang après les premières cuvées de Meursault, néanmoins les meilleurs vins blancs des environs de Tonnerre et d'Auxerre, se vendent sous le nom générique de vins Chablis.

Les vins des environs de Chablis conservent leur blancheur transparente et ne jaunissent pas avec l'âge. Ils sont spiritueux sans être fumeux, et se distinguent par leur corps, leur finesse et un parfum suave. On y remarque le Clos, le Valmur, les Grenouille, le Vandésir, etc. Ces vins doivent être mis en bouteille, la seconde année qui suit les vendanges.

Les vins de Tonnerre, de Dannemoine et d'Epineuil possèdent beaucoup d'éléments mousseux qui leur permettent de lutter avec les Champagnes, mais en restant inférieurs toutefois aux grands vins de la montagne de Reims.

Mais je parle du département de l'Yonne,

tandis que je me trouve à Puligny dans la Côte-d'Or. N'en accusez, amis lecteurs, que mon imagination, cette folle du logis qui, à propos du Meursault, a fait immédiatement, en quelques secondes le tour de France, pour trouver des vins similaires.

Retournons à Volnay et allons visiter l'estimable M. Rossignol, l'adjoint du maire, qui autrefois s'occupait beaucoup de la commission en vins.

Jamais je n'ai distingué de dégustateur dont le palais fût plus délicat. J'en ai vu beaucoup qui comme lui pouvaient apprécier les diverses qualités d'un vin. Mais chez M. Rossignol, la dégustation ne lui fait pas seulement connaître si le vin est doué des qualités essentielles à la conservation, au développement futur de la sève et du bouquet, son palais est si délicat qu'il distingue des nuances imperceptibles pour la plupart des gourmets. Que de fois ne s'est-il pas arrêté, dans la dégustation, d'une cuvée de 30 à 40 pièces, sortant toutes du même pressoir. En le voyant ainsi en quelque sorte en arrêt comme un bon chien de chasse à l'approche du gibier, je lui disais :

— Eh bien, père Rossignol, y a-t-il encore quelques nuances là-bas?

— Goûtez, me répondait-il.

Et en parlant ainsi, il prenait du vin de deux barriques placées l'une à côté de l'autre, et me disait :

— Lequel préférez-vous?

Toujours nous tombions d'accord, soit sur la finesse, ou le corps qui apparaissait souvent plus développé dans la pièce privilégiée.

De là vient que parfois deux acheteurs reçoivent du même négociant deux vins portant le même nom sortant de la même cuve et ayant cependant des mérites différents.

Qu'on ne s'y trompe cependant pas, ces nuances ne sont guères perceptibles que pour les gourmets.

En rentrant chez M. Rossignol je vis M. Emonin, son neveu, qui marche sur les traces de son oncle et qui était en ce moment occupé à soutirer du vin. Coller, soutirer, tirer les fûts en bon état, est la partie dont il est spécialement chargé.

Tout en déjeûnant, afin de réparer nos forces épuisées par de nombreuses dégustations, je priai M. Emonin de me communiquer quelque peu son expérience.

— Vous n'ignorez pas, me dit-il, que pour clarifier le vin on le colle soit avec du blanc d'œuf, de l'albumine de sang ou de la colle de poisson.

Quand le blanc d'œuf est bien fouetté ou que la colle est bien fondue, on la jette dans le fût qu'on veut clarifier et l'on agite fortement le liquide pendant cinq minutes.

Quinze jours après, on peut généralement

procéder au soutirage. La colle a fait précipiter au fond du fût la lie qu'il contenait.

Toutefois, ajouta-t-il, je dois vous mettre en garde contre cette opération qui, après tout, ne doit être employée qu'autant que cela est nécessaire pendant les six premiers mois qui suivent la fabrication du vin. Alors il est jeune et vigoureux et l'on peut agir fortement sur lui et enlever la lie qui est presque une exubérence de vie. Mais lorsque le vin est vieux, on doit éviter la colle qui tend à rendre le vin sec.

— Et pourquoi demandai-je?

— Parce qu'il y a deux sortes de lie : l'une est grossière et doit être séparée du vin, mais l'autre est légère, floconneuse et nécessaire à la bonne conservation du liquide. A défaut de la lie grossière qui n'existe pas ou presque plus, dans les vins vieux, la colle atteint la lie nécessaire.

— Parfait. Mais permettez-moi de recourir encore à votre science?

— A ma science, Monsieur? Dites donc ma faible expérience.

— Trève de modestie et apprenez-moi comment vous procédez quand vous êtes forcé de mettre du vin vieux dans des fûts neufs.

— Oh! Monsieur, fit M. Emonin, avec un geste presque d'effroi. Il est toujours dangereux de mettre du vin vieux dans des fûts neufs. Quoi qu'on fasse pour enlever la sève du bois qui donnerait au liquide un goût de fût, on n'y arrive jamais qu'imparfaitement. On s'efforce d'y parvenir en rinçant le fût avec cinq litres d'eau bouillante mélangés de 500 grammes de tartre, puis on rince de nouveau avec un litre d'eau-de-vie.

— Et si le fût a servi et n'est pas exempt d'odeur ?

— Il faut nettoyer d'abord avec trente litres d'eau, dans laquelle on a dissous 2 kilos de chaux vive, rincer ensuite avec de l'eau froide et enfin avec deux litres de vin.

Si l'intérieur du fût est tapissé de dépôts de lie séchée on l'enlèvera en rinçant le tonneau avec cinq litres d'eau bouillante et 60 grammes de bisulfate de chaux. Après avoir rincé, on laisse sécher le fût pendant un jour et l'on rince de nouveau avec cinq litres d'eau et 250 grammes de sel de cuisine.

Cette dissolution enlève les dépôts moisis qui forment un mélange dangereux pour les vins parce qu'il introduit des ferments putrides et parfois vénéneux.

LE CHASSELAS DE FONTAINEBLEAU.

Chasselas de Fontainebleau ! Chasselas de Fontainebleau !

Tel est le cri que nous entendons répéter par les marchands de raisins dans toutes les rues de Paris, à l'époque des vendanges.

Et pourquoi, me suis-je demandé bien des fois, crie-t-on chasselas de Fontainebleau plutôt que chasselas du Bordelais et de la Côte-d'Or ?

Un de mes amis qui a longtemps habité Fontainebleau m'a donné le mot de l'énigme.

C'est que la culture en grand du chasselas a pour centre principal deux jolis bourgs : Thomery et Champagne, situés à 7 kilomètres de Fontainebleau.

Quelques villages des environs, ajouta-t-il, s'occupent aussi de cette culture, mais c'est en vain qu'ils veulent rivaliser avec leurs voisins.

— D'où vient cette supériorité, demandai-je?

— On l'attribue à la qualité du sol, à la nature du plant et aux procédés de culture.

— Quelle est donc la nature de ce sol privilégié? Ressemble-t-il à la terre de Chanaan, de biblique mémoire?

— Je ne suis pas assez initié à la science géologique pour vous répondre à ce sujet, mais ce que je puis vous apprendre, c'est que le sol est léger, friable et sablonneux, facile à s'imprégner d'humidité, tout en retenant la chaleur du soleil.

Les collines qui environnent Thomery et Champagne les mettent à l'abri des vents dangereux du nord. Les vignerons aidant ensuite à la nature, étalent leur plants de chasselas en espalier le long de murs construits à cet effet et crépis avec un soin toût particulier. L'exposition de ces murs et leur élévation sont calculées d'après des règles établies sur une expérience consommée.

Autant que faire se peut, on choisit une exposition au midi et inclinée au levant, de façon que le soleil frappe en plein sur le mur, dès le matin, et glisse obliquement dans le milieu de la journée, lorsque la chaleur pourrait nuire au fruit en le brûlant. Pour mieux atteindre leur but, les vignerons couvrent de feuilles les raisins lorsqu'ils craignent l'intensité du soleil et les découvrent lorsque son action ne leur semble pas assez forte.

Les soins sont incessants, car les vignerons aident en outre à la maturation en tournant et retournant les grappes afin de les présenter adroitement aux rayons fécondants du soleil.

C'est par ces soins variés que les raisins ont cette belle couleur dorée sans qu'ils soient jamais brûlés.

Pendant la maturation, les vignerons enlèvent délicatement avec des ciseaux faits exprès les grains qui ne mûrissent pas ou qui par l'action des pluies tendent à pourrir, afin de préserver la partie saine de la grappe de l'action fâcheuse de ces éléments rachitiques ou morbides. Cet examen se renouvelle au moment de la cueillette.

Mais ces soins ne sont pas les seuls qui incombent au vigneron, il a aussi des ennemis à combattre incessamment; ce sont le ver blanc qui s'attaque aux racines; l'urbé qui dévore les boutons; le sphinx, chenille qui détruit les grappes en fleurs; le colimaçon qui ronge le fruit; les oiseaux vendangeurs qui le mangent.

Ajoutons à ces ennuis, à ces dangers, à ces pertes que la vigne-chasselas ne donne des fruits qu'après cinq longues années de soins de toutes sortes : taille, ébourgeonnement, fumure, labour et binage.

Enfin, lorsque la cueillette est faite, on emballe les raisins avec un soin tout particulier dans de petits paniers dont la forme est connue de l'Europe entière.

Ces petits paniers pèsent d'ordinaire deux kilogrammes et sont garnis de fougère qu'on est maintenant obligé d'aller chercher à plus de 100 kilomètres de Fontainebleau.

Les vignerons placent ces paniers dans des hottes spéciales que l'on expédie non-seulement à Paris, mais sur les marchés de Londres, de Berlin, etc.

Pour Paris, les cultivateurs s'associent au nombre de dix, louent un bateau et y empilent avec art, environ 2,000 hottes. D'ordinaire ils partent à cinq heures du soir et arrivent au port du Mail, le lendemain entre sept et huit heures du matin, après avoir fait pendant la nuit quatre-vingts kilomètres.

A peine le chasselas est-il déposé sur le quai qu'il est vendu à des marchands en gros qui le revendent aux cent mille détaillants de Paris.

La production du chasselas à Fontainebleau est évaluée à un million de kilogrammes dont près de la moitié est expédiée à l'étranger. Et néanmoins la population parisienne consomme en moyenne chaque année 800,000 kilogrammes de chasselas qui lui sont vendus sous la dénomination de Fontainebleau !

NEUVIEME HALTE.

REIMS ET L'HOTEL DE JEANNE-D'ARC. — COMMENT SE PRÉPARE LE CHAMPAGNE MOUSSEUX. — LA MOUCHE DE REIMS.

Les festins se terminent d'ordinaire par une bouteille de la sémillante Champagne, égayons aussi notre récit par la légende de l'origine du cep qui fait la fortune de plusieurs départements et terminons notre excursion dans les vignobles de France, par l'exposé de la fabrication de ce vin exceptionnel et exquis lorsqu'il est fait avec du raisin de la montagne de Reims.

La ville de Réims est célèbre dans le monde entier, parce que c'est dans ses murs et des mains de l'archevêque métropolitain, que les rois de France, depuis Clovis jusqu'à Charles X, se sont fait sacrer. Soit décret de la Providence, soit respect inconscient d'un passé glorieux, les princes qui depuis la révolution française se sont emparés du trône de France, ont pu envahir les Tuileries, mais n'ont osé chercher, en se faisant sacrer à Reims, une liaison entre le passé qui les réprouvait, le présent qui leur échappait et l'avenir qui leur montrait Sainte-Hélène, Claremont, et Chislehurst.

La cathédrale de Reims se distingue par sa façade admirable, sculptée en style gothique. Ce ne sont que statues de marbre et ornementations.

Je pénétrai dans l'édifice, en me rappelant Jeanne d'Arc conduisant Charles VII, qu'elle allait faire couronner roi de France.

Mais quelle ne fut pas ma surprise! Au lieu de trouver à l'intérieur de la cathédrale cette richesse d'ornementation que j'avais remarqué à la façade, je n'y vis d'étonnant que l'élévation de la voûte, mais il est vrai qu'elle vous épouvante et vous écrase.

Ce n'est pas à la cathédrale, que se trouve le tombeau de saint Remi qui a baptisé Clovis, mais bien à l'Eglise qui porte son nom. Cet illustre archevêque y est représenté avec ses suffragants, et Clovis se trouve accompagné de ses vassaux.

Après avoir satisfait ma curiosité d'archéologue, je me rendis à mon hôtel, *la Maison rouge*, où se trouve un *memorandum* qui prétend que Jeanne d'Arc a couché dans cette maison, lors de son séjour à Reims, pour le couronnement de Charles VII.

Depuis quelque temps déjà, j'étais en rapport d'affaires avec la maison Lanson, dont le chef fut autrefois maire de Reims. Le plus jeune des fils s'offrit à me servir de cicérone, avec une urbanité et une sagacité qu'on rencontre rarement, même en France, et me donna des renseignements précieux sur les produits de la Champagne et la fabrication des vins mousseux.

— D'où vient, lui demandai-je, la supériorité des vins mousseux de Champagne?

— Cette supériorité a trois causes, me dit-il : d'abord les viticulteurs champenois apportent une sollicitude peu commune au choix des cépages, ils ne sacrifient jamais la qualité à la quantité ; puis une observation continue a fait connaître aux fabricants toutes les qualités et tous les défauts des produits de la Champagne, tandis que les investigations scientifiques ont déloppé les unes, en rémédiant aux autres ; enfin, on doit reconnaître que les produits de la montagne de Reims, se distinguent par des qualités propres, qui les rendent plus aptes que tous les autres vins de France à la fabrication des vins mousseux.

Mais ce qui nuit parfois à la réputation des vins de Champagne, c'est la spéculation, je me trompe, la falsification et la mauvaise foi de certains fabricants, qui, pour réaliser des bénéfices considérables, s'en vont acheter sur les bords de la Loire dans la Touraine, ou dans l'Yonne, des raisins qu'ils transportent en Champagne, ou même des vins sortant de la cuve qu'ils mélangent avec nos produits et expédient ensuite à l'étranger sous un nom qu'ils empruntent et qu'ils déshonorent à la fois.

Mon interlocuteur avait prononcé ces paroles avec un geste de mépris et un mouvement d'impatience qui prouvaient assez combien de tels procédés lui répugnaient et le blessaient dans son orgueil de négociant champenois.

— Mais pourquoi, lui demandai-je ces falsificateurs se rendent-ils de préférence en Touraine et dans l'Yonne?

— Les vins de la Touraine renferment beaucoup d'éléments sucrés, et moussent naturellement, mais ils pèchent généralement par le défaut de finesse. Ceux des environs de Tonnerre et de Dannemoine en Yonne, au contraire, peuvent lutter en finesse avec un grand nombre de produits de la Marne, sans toutefois renfermer les mêmes éléments mousseux. Mais tous doivent céder le pas et de beaucoup aux grands vins de la montagne de Reims, auxquels aucun vin mousseux de France ne peut être comparé.

— Mais il me semble avoir remarqué en parcourant vos vignobles, beaucoup de raisins rouges, même dans les meilleurs crus. J'en suis étonné puisque les vins mousseux, qui sont blancs, forment l'industrie principale du pays.

— Vous cesserez d'être étonné, lorsque je vous aurai dit qu'en Champagne les raisins noirs sont préférés aux raisins blancs pour la fabrication des vins mousseux.

— Vraiment!

— Rien n'est plus naturel. Le jus provenant des raisins rouges est blanc, tout comme celui qui est produit par les raisins blancs. Ce qui donne la couleur au vin, c'est la pellicule noire qu'on fait cuver et qui donne avec les pépins et la rafle, la teinture, le goût, le cachet qui distinguent le vin rouge. Mais lorsqu'on pressure les raisins rouges comme on agit pour les vins blancs, en rejetant les pellicules, le produit ne peut pas être distingué de celui des vins blancs, si ce n'est, comme je vous le disais tout à l'heure, par une certaine finesse qui les fait, en Champagne, apprécier des gourmets.

Cette réflexion faite, qui concerne tous les vins blancs et rouges de tous les climats de France et du monde entier, passons à la fabrication des vins mousseux et n'oublions pas les préliminaires indispensables.

Pour obtenir des vins mousseux, les raisins doivent être récoltés en pleine maturité, triés avec soin, et placés au pressoir avant toute fermentation. Le jus est mis ensuite dans des tonneaux de deux hectolitres et la fermentation s'effectue lentement, mais sûrement, en dix ou quinze jours, dans des locaux où la température doit être de 15° à 20°.

Il est un point sur lequel on ne saurait trop appeler l'attention des viticulteurs, c'est qu'au moment où l'on descend les vins dans des caves fraîches à 10° ou 12° de chaleur et où la fermentation active et sensible se transforme par le froid en fermentation lente et latente, il faut que les vins aient conservé la moitié de leur sucre, tandis que l'autre moitié est convertie en esprit et en acide carbonique.

C'est dans cette opération que se distinguent les qualités inhérentes au vin de Champagne. Ils gardent leur sucre naturellement et même avec une telle opiniatreté qu'ils ne deviennent que difficilement secs, même après deux ou trois ans, et qu'à chaque sève ils travaillent naturellement leur sucre, surtout lorsqu'ils sont en bouteille. Il n'en est pas de même des autres vins blancs de France qu'il est difficile de traiter *naturellement* en vins mousseux parce qu'ils perdent leur sucre. Dans le midi il est même presque impossible d'y parvenir. Aussi les grands propriétaires des vins blancs doux de Picardan à Marseillan, près de Cette, et des vins rouges de Collioure dans le Roussillon, vinent-ils leurs vins, en y ajoutant 5, 10 et même 15 °/ₒ d'eau-de-vie pour conserver le sucre. Mais en agissant ainsi ils rendent impossible la transformation de leurs produits en vins mousseux. Aussi ne l'essaient-ils pas.

— Le sucre non converti en esprit et en acide doit-il toujours être égal de moitié dans le vin?

— Nullement. Le sucre qui reste dans le vin se réduit successivement par une fermentation lente et le grand art du fabricant consiste à reconnaître, lorsqu'il veut obtenir un vin mousseux *naturel*, c'est-à-dire sans addition de sucre, le moment où l'on doit mettre le vin en bouteilles. Il doit, tout en évitant Scylla, éviter de tomber en Charybde. Si le vin contient trop de sucre, il produit une mousse trop violente qui casse les bouteilles, ou tout au moins fait infiltrer le liquide entre le bouchon et le verre, et produit des *recouleuses*. Si le sucre n'y est pas en assez grande quantité, la mousse fait défaut, et partant, le vin n'obtient pas la qualité qui le distingue surtout et qui fait la joie de nos festins.

— Quelle quantité de sucre le vin doit-il contenir pour que la mousse obtienne les éléments requis?

— Il faut que le vin contienne deux kilogrammes de sucre non décomposé par hectolitre, soit 20 grammes par litre.

— Par quel procédé peut-on reconnaître que le vin renferme précisément le sucre nécessaire à la bonne fermentation ?

— On verse 750 grammes de vin dans une capsule de porcelaine qu'on place sur un feu très-doux ou mieux encore dans un bain-marie jusqu'à ce que l'évaporation ait réduit ce vin au sixième, soit 125 grammes. Ce résidu est versé avec précaution dans une éprouvette à pied en verre. Lorsqu'il est refroidi jusqu'à 15 ou même 12 degrés au-dessus de zéro, on descend un gleucomètre dans le liquide.

Pour que le moment soit venu de tirer la cuvée, le gleucomètre doit marquer 12 degrés. S'il marque 11 degrés, le tirage est encore bon ; à 10 degrés, il est moins favorable ; mais au dessous de 10 degrés, on est forcé d'avoir recours à un moyen artificiel et d'ajouter du sucre.

Je dois même vous apprendre, car vous l'ignorez sans doute, qu'il est rare que le vin ait naturellement le sucre nécessaire à une mousse parfaite.

C'est dans cette opération que se distingue surtout l'esprit d'observation des fabricants champenois. Comme bien vous pensez, le sucre avant d'être ajouté au vin, doit subir une opération préalable.

— Quel sucre doit-on employer ?

— Le sucre pur de canne. Pendant longtemps on a fait usage du sucre candi bien cristallisé qui coûte bien plus cher et qui est moins favorable. Il renferme beaucoup d'eau cristallisée et produit moins de matière sucrée, tandis que la cuisson développe un élément gommeux qui donne au vin une saveur visqueuse et fade.

On dissout le sucre dans un vin blanc de bonne qualité et généralement vieux, et l'on obtient un liquide appelé *liqueur à vin* qui doit contenir 500 grammes de sucre par bouteille ou 8 décilitres.

— Dans quelle proportion faut-il ajouter cette liqueur à vin?

— Cela dépend de la quantité de sucre naturel que renferme le vin. Lorsque le gleucomètre ne marque que 5°, le vin mis en bouteille ne donne pas de mousse; à 6°, il *crèmerait* ou mousserait quelque peu; la mousse augmente de puissance avec les degrés jusqu'à 12° qu'il convient d'atteindre.

Quand le vin ne marque que 5° au gleucomètre, il faut ajouter par hectolitre 2 kilogrammes de sucre pur et sec, qu'on prépare en vin de liqueur comme je l'ai dit plus haut : à 6°, on ajoute, 1 k. 714 ; à 7°, 1. 425 ; à 8°, 1. 143 ; à 9°, 0. 859 ; à 10°, 0. 572 ; à 11°, 0. 286 ; à 12°, 000.

— Mais expliquez-moi, je vous prie, comment se produit la fermentation?

— Auparavant, permettez-moi de vous dire

qu'il ne faut jamais mettre le vin en bouteille lorsqu'il fait froid, si ce n'est dans un cellier où la température artificielle et constante soit de 20 degrés au-dessus de zéro.

— Quel en est le motif?

— C'est afin que les bouteilles mises en tas dans un local chauffé, reçoivent une impulsion qui détermine plus promptement la formation de la mousse.

Ce phénomène se manifeste d'ordinaire le troisième jour par des détonnations de bouteilles brisées. Aussitôt on se hâte de descendre les bouteilles dans une cave fraîche où la fermentation continue plus lentement, mais avec moins de danger pour la casse des bouteilles.

J'arrive naturellement à la question que vous m'avez posée. La fermentation qui se produit après la mise en bouteille, décompose en deux parties presque égales le sucre du raisin en acide carbonique et en alcool. Tandis que l'alcool étant un liquide reste mêlé au vin, l'acide carbonique, gaz très-élastique, tend à s'échapper aussitôt que la bouteille n'est plus hermétiquement fermée. Ce gaz refoulé dans le vin s'y dissout et forme la mousse en dilatant et en soulevant le vin en une infinité de bulles.

— Me voilà parfaitement renseigné, monsieur, sur la supériorité des vins de Champagne, sur le meilleur procédé employé pour aider au développement de la mousse, il me reste maintenant à savoir comment on procède pour mettre ce vin en bouteilles, car, si je ne me trompe, c'est à cette opération que vous êtes arrivé dans l'étude que nous faisons.

— Eh bien ! lorsque les vins ont été préparés ainsi que j'ai eu l'avantage de vous l'expliquer, qu'ils sont prêts à être mis en bouteilles, qu'on les a conduits dans un atelier de tirage chauffé à 20° ; il faut qu'on ait soin de laisser dans chaque bouteille emplie un vide de 6 à 7 centimètres pour la place du bouchon et la chambre à air.

Un point fort important c'est le bouchage des bouteilles. Le plus grand soin doit y être apporté. Aussi, a-t-on imaginé un grand nombre de machines pour introduire le bouchon qui n'a pas moins de 50 millimètres de hauteur sur 30 de diamètre et qui doit pénétrer dans le goulot de la bouteille dont le diamètre n'est que de 18 à 20 millimètres. L'art et les inventions ont tellement bien servi les travailleurs, qu'un bon ouvrier peut boucher mille bouteilles par jour.

Aussitôt que la bouteille est bouchée, un autre ouvrier — car en Champagne surtout, chacun a sa spécialité et s'y perfectionne par l'expérience — un autre ouvrier dis-je, prend la bouteille des mains du *boucheur* et serre fortement la tête du bouchon contre la bague de la bouteille au moyen de deux nœuds de ficelle huilée serrés en croix.

On coiffe ensuite le bouchon d'une calotte en fer blanc de 20 à 24 millimètres de diamètre légèrement concave et portant deux rainures en croix pour recevoir la pression d'une deuxième ficelle et surtout d'un fil de fer. Cette calotte a surtout pour but d'aider le bouchon à résister à l'action de la mousse sans être coupé par le fil de fer qui s'oppose à la pression du gaz.

Jamais le vrai spéculateur champenois n'hésite devant la faible dépense que lui occasionne la calotte, car il évite par là une perte moyenne de 10 pour cent de *recouleuses.*

Vient ensuite l'entreillage des bouteilles dans le même local qui a servi à la mise en bouteille, qui est, comme j'ai eu l'avantage de vous le dire plus haut, chauffé à 20°.

Lorsque par la fermentation du dépôt et surtout par la casse de quelques bouteilles, on est averti que le travail de la mousse s'effectue, on descend les bouteilles dans un local à température constante de 10° de chaleur où elles restent pendant dix-huit mois ou deux ans, suivant les besoins de la spéculation.

C'est pendant ce laps de temps que la casse se produit par l'excès de la fermentation et quelquefois aussi par les défauts de la fabrication des bouteilles qui ne peuvent résister à l'action du gaz. La casse est le cauchemar du fabricant de vins de Champagne. Autrefois, la perte s'élevait dans certaines caves plus ou moins favorables et après des tirages défectueux jusqu'à 50 pour 100. Depuis, la science a éclairé les fabricants et aujourd'hui il est rare que les casses les plus désastreuses dépassent le chiffre de 9 à 10 pour 100.

— C'est un progrès extraordinaire !

— D'autant plus que la perte moyenne n'est que de 5 à 6 pour cent et que plusieurs tirages faits avec des soins spéciaux et quelque bonheur ont pu réduire la casse à 2 pour 100.

Mais j'arrive à la partie la plus intéressante de la fabrication du vin de Champagne et qui généralement est la moins connue.

Quand après un an et demi ou deux ans, le dépôt est bien formé et que le vin est bien limpide dans la bouteille, on désentreille les bouteilles pour les placer sur pointe.

— Sur pointe? Quelle est donc cette opération ?

— C'est-à-dire qu'on place le goulot en bas.

— Je comprends ; mais comment cela peut-il se faire ?

— Ah ! c'est un travail qui exige auparavant que l'on ait disposé de grandes planches en chêne le long des murs ou sur des étagères soutenues par quatre pieds. On y pratique des trous assez grands pour y placer des bouteilles obliquement d'abo d, plus verticalement et enfin tout à fait verticales.

Dans chacune de ces opérations successives,

c'est-à-dire lorsque l'ouvrier, appelé *remueur* place les bouteilles obliquement ou transforme leur position en quasi-verticales et enfin en verticales, il imprime à la bouteille un ou deux mouvements d'oscillation telle que le dépôt se détache, sans toutefois troubler le vin, du flanc de la bouteille où il s'était d'abord formé. Généralemeut en deux mois le dépôt est entièrement descendu sur le bouchon.

— Oui, mais il s'agit ensuite de l'enlever.

— Ce soin est confié à d'habiles ouvriers qui ont une longue pratique de ce genre d'opération.

— Je suis impatient de savoir comment ils procèdent.

— Prise avec soin dans sa position verticale, la bouteille est portée sans secousse au dégorgeur qui, la soutenant à l'aide de la main gauche et de l'avant-bras ; casse rapidement de la main droite les liens du bouchon avec un crochet. Le gaz fait aussitôt sauter le bouchon et le grand art du dégorgeur est de retourner la bouteille juste au moment où le dépôt est sorti de la bouteille et d'éviter une trop grande fuite du vin qui ne doit sortir que sur une proportion de cinq à six centimètres.

Le goulot de la bouteille ayant été essuyé avec une éponge, l'*égaliseur* s'en empare et en retire assez de vin pour que toutes les bouteilles présentent un vide égal que le *doseur* comble en ajoutant au vin la *liqueur d'expédition* qui varie suivant le pays auquel le vin est destiné.

— Quelle est donc cette *liqueur d'expédition?*

— Ah! c'est à ce moment surtout de la fabrication des vins de Champagne que la connaissance approfondie des produits et surtout des goûts des consommateurs est indispensable. Aussi les grandes maisons font-elles venir à ce moment leurs voyageurs de tous les pays afin qu'ils jugent eux-mêmes et chacun séparément de la quantité de liqueur d'expédition qu'il faut ajouter au vin pour sa clientèle spéciale. Cette addition varie de 2, 5 jusqu'à 10 et même 20 pour 100.

La liqueur d'expédition est faite comme la liqueur à vin avec des sucres blancs des colonies parfaitement raffinés, dissous à froid dans des vins blancs des meilleures années précédentes dans la proportion de 150 kilogrammes sur 125 litres de vin.

Cette addition nécessaire aux vins de Champagne surtout dans les annexes ordinaires ne nuit guère qu'à la finesse du vin. Mais certains négociants pour satisfaire le goût, que j'oserai appeler dépravé, de leurs clients y ajoutent parfois de l'eau-de-vie, de l'alcool et des vins liquoreux comme le Xérès et le Madère. C'est surtout dans la fabrication des vins blancs mousseux achetés en Touraine et dans l'Yonne, que les négociants, peu soucieux de la réputation de la Champagne, emploient ce dernier procédé.

Mais passons à un autre ordre d'idées, car la colère s'empare de moi, à la pensée de ces fraudes si nuisibles à l'avenir de la Champagne.

Vous avez déjà remarqué sans doute, monsieur, que les vins de Champagne, même des années médiocres, se livrent à la consommation dans des conditions favorables. Eh bien, ce résultat est dû à l'expérience et à la prévoyance du fabricant qui, dans les années extraordinaires a mis en réserves une quantité considérable de grand vin. Il peut ainsi *recouler* ou ajouter aux produits médiocres 10, 15 et même 20 pour 100 de grands vins, suivant la nécessité de la fabrication.

— Mais il me semble, monsieur, objectai-je, que pendant que le dégorgeur débouche la bouteille, que l'égaliseur ôte du vin, que le doseur ajoute la liqueur d'expédition et enfin que le boucheur ferme la bouteille, le gaz doit s'échapper en grande quantité.

— Vous me fournissez, monsieur, l'occasion de vous faire connaître une qualité spéciale aux produits de Champagne. Tandis qu'une bouteille d'eau de seltz perdrait les trois quarts de son gaz pendant les opérations que vous venez de signaler et qui sont indispensables, le vin de Champagne conserve les quatre cinquièmes au moins de son acide carbonique. Le vin de nos contrées renferme une force de cohésion, une attraction extraordinaire au contact de l'acide carbonique, tandis que le vin ordinaire est loin de jouir de ces qualités si précieuses à la fabrication du vin mousseux.

Non satisfait de m'avoir instruit, M. Lanson voulut me distraire, et joindre l'agréable à l'utile. Il me conduisit au cercle où se réunissait l'aristocratie du blason et surtout de la finance remoise.

Sous l'égide de mon guide, les portes, closes aux inconnus, s'ouvrirent avec empressement.

C'était en janvier 1858. L'empire et sa police secrète fonctionnaient dans toute la France et particulièrenent à Reims, ville connue pour ses sentiments légitimistes.

Avant mon excursion dans les pays vinicoles, j'avais longtemps habité la Belgique où l'on peut dire franchement et hautement sa façon de penser sur les députés, les préfets, les ministres et le roi lui-même, dont la personne est inviolable mais dont les actes sont soumis à la critique non-seulement des salons et des cercles, mais de la presse et des meetings. J'oubliai que j'étais en France et que quelques jours à peine nous séparaient de la tentative d'assassinat, d'Orsini et compagnie. Aussi lorsque l'un des habitués du cercle parla de la nouvelle du jour : un superbe attelage de quatre chevaux offert par l'empereur au sous-préfet, j'exprimai hautement mon étonnement :

— D'où vient donc, demandai-je, l'affection particulière de l'empereur pour ce sous-préfet ?

— Le sous-préfet est son cousin, me répondit-on.

— Ah ! fis-je en souriant ; je sais que l'empereur aime bien toute sa famille; qu'elle sorte du côté droit ou du côté gauche.

M. Lanson voulut, en me faisant un signe que je ne vis pas, m'arrêter sur la pente glissante de la critique. J'ajoutai :

— Témoins les Morny et les Walewsky, l'utérin et le descendant de l'homme dont la France a acheté la gloire par d'illustres malheurs !

Un silence glacial accueillit mes paroles.

Deux hommes, fort bien mis du reste, me regardaient d'un air étonné en reportant leurs regards sur M. Lanson.

Sortons, me dit celui-ci bien bas, avec un signe de tête significatif.

Mais voulant colorer cette brusque sortie, il ajouta assez haut en regardant sa montre :

— Il est l'heure. On nous attend.

Lorsque nous fûmes sortis de la salle, M. Lanson pousse un soupir de soulagement.

— Seriez-vous souffrant, lui demandai-je avec empressment ?

— Oh ! J'ai beaucoup souffert : je crus un instant que vous alliez être arrêté.

— Arrêté ! moi ?.... Et pourquoi ?

— Vous avez donc déja oublié vos critiques sur l'empereur et sa famille ?

— Ne sont-elles pas l'expression de la vérité toute pure ?

— Certainement ; mais à côté de vous se trouvaient deux agents de la police secrète.

Ce qui nous a sauvés, je crois, c'est votre aplomb, votre audace dans la critique et peut-être aussi parce que, ne m'occupant jamais de politique, ils ont craint de se faire un adversaire en arrêtant un étranger que j'avais introduit au cercle.

Permettez-moi un conseil, c'est de vous souvenir que vous n'êtes plus en Belgique, mais en France et sous le régime impérial.

— Je suivrai votre conseil d'autant plus volontiers que je regrette vivement de vous avoir causé cette alarme.

— A demain donc. Tout en vous souvenant de mon conseil, gardez-vous de rêvér police secrète, arrestation, emprisonnement.

— Décidément vous êtes un homme de bon conseil.

— Vous en doutiez ? fit-il en souriant.

— Nullement, mais j'en suis maintenant doublement convaincu.

Je ne rêvai pas arrestation, mais pendant le sommeil mon esprit s'occupa de tout ce que m'avait dit M. Lanson, de la fabrication des vins de Champagne, et lorsque je me levai, j'avais divers renseignements à lui demander.

Aussi, lorsqu'en me serrant la main, il s'informa avec son doux sourire si j'avais bien reposé.

— Parfaitement, lui dis-je, j'ai rêvé de vous...

— Et des agents de police?

— Nullement; mais de vous et de vos renseignements sur les vins de Champagne, que je désirerais compléter aujourd'hui.

— Bien volontiers. *Incipe, domine.*

— Eh bien, mon maître, je commence donc puisque vous me le permettez :

Le comté de Champagne était autrefois d'une vaste étendue divisée aujourd'hui en cinq départements.

— Est-ce que les produits de ces diverses contrées sont d'égale valeur?

— Nullement. Les arrondissements de Reims et d'Epernay produisent seuls les vins qui ont fait la réputation de la Champagne. Cependant quelques crûs de l'Aube et de la Haute-Marne, produisent des vins rouges estimés. Mais dans le département des Ardennes, on ne récolte que des vins communs.

Le département de la Marne renferme, 17,379 hectares de vignes sur le territoire de 453 communes. Le produit moyen est de 410,000 hectolitres de vin rouge et 187,000 de vin blanc.

Les habitants consomment environ 250,000 hectolitres.

Ces renseignements vous satisfont-ils?

— Oui, mais j'aurai encore, si vous me le permettez, recours à votre science.

— A ma science! Dites donc à l'expérience que tout négociant champenois acquiert par le contact des hommes et des choses.

— Vous êtes aussi modeste que savant.

— Décidément vous avez résolu de me faire rougir.

— Mais non; dites-moi donc, ignorant interlocuteur, fis-je en souriant, quelles sont les qualités qui caractérisent les vins rouges et les vins blancs de la Champagne.

— Tous deux se distinguent par leur délicatesse et leur agrément; mais le vin blanc est surtout remarquable par sa finesse.

— Vous m'avez dit qu'on faisait aussi bien du vin blanc mousseux de Champagne avec des raisins rouges qu'avec des raisins blancs, j'ai compris, mais il me reste cependant quelque doute; il me semble qu'en pressant fortement la pellicule afin d'extraire tout le jus de la grappe, il doit en sortir des matières colorantes.

— Mais aurais-je donc oublié de vous expliquer le procédé généralement employé pour obvier à cet inconvénient?

— Je n'en ai nul souvenir.

— Eh bien! voici comment on procède :

On choisit les grappes les plus saines et les plus mûres en ayant soin de rejeter les grains secs, verts ou pourris; on les égrappe et on les porte ensuite au pressoir où il faut surtout éviter l'action du soleil qui provoquerait une fermentation nuisible.

Le pressurage se fait avec prudence et célérité à deux ou trois reprises selon que la liqueur conserve sa douceur et sa transparence. Aussitôt qu'elle se tache quelque peu, on arrête le pressurage.

Lorsqu'on a éloigné les récipients contenant le premier et le meilleur jus, on recommence le pressurage à deux ou trois reprises. Ce second produit, dont la teinte est rosée, est mélangé avec des vins de quatrième classe. Enfin, le jus provenant d'un troisième et dernier pressurage est coloré; on s'en sert pour donner de la force et de la qualité aux vins rouges de crû inférieur.

— Mais n'est-ce pas avec les vins du deuxième pressurage qu'on fait les vins rosés?

— Non, ces vins exigent une préparation spéciale.

On procède d'abord comme je l'ai dit tout à l'heure pour les vins blancs; mais lorsque l'égrappage a eu lieu et qu'on a pressuré légèrement les grains, on les laisse assez longtemps dans les cuves pour qu'un commencement de fermentation dissolve quelque peu les matières colorantes et donne au moût la teinture rose.

Mais on emploie aussi, pour obtenir cette teinte, le *vin de Fismes.*

— Qu'est-ce donc que le *vin de Fismes?*

— A vingt-quatre kilomètres de Reims, on récolte beaucoup de baies de sureau qui, bouillies avec de la crême de tartre et passées ensuite au filtre donnent au vin une couleur plus belle que celle qu'on obtient par un commencement de fermentation; ce procédé a en outre la propriété d'empêcher le vin de tourner à la graisse. Un litre suffit par hectolitre.

— Mais dites-moi donc, et c'est la dernière question que je vous prierai de résoudre, si les vins mousseux faits avec du moût des raisins blancs ou noirs n'ont pas des qualités distinctives.

— Les vins blancs faits avec des raisins rouges ont plus de corps, de spiritueux et de sève; on peut en faire des vins non mousseux et crémants supérieurs aux produits des raisins blancs. Mais ils ont moins de finesse et surtout moins de mousse. C'est avec du vin provenant de raisins blancs qu'on obtient les *grands mousseux.*

— Mais où se récolte le meilleur des vins blancs de Champagne?

— Celui qui par son mérite d'abord et par certaine circonstance tout-à-fait indépendante de ses qualités est le plus connu dans le monde entier est certes le Sillery.

Ce vin a une couleur ambrée et un goût sec qui le caractérisent. Il a beaucoup de corps, de spiritueux, de bouquet et surtout de vertus toniques; il conserve la bouche fraîche et n'incommode pas.

Chose étonnante pour un vin de Champagne, la mousse lui fait perdre une partie de ses mérites. Pour les rétablir on débouche la bouteille et on la frappe à glace pendant une heure.

— Pourquoi déboucher la bouteille?

— Afin que le gaz s'échappe, et, partant les éléments qui produisent la mousse.

Mais arrivons à l'historique de ce vin qui nous fera connaître la seconde cause de sa célébrité.

La maréchale d'Estrée, propriétaire du château de Sillery, possédait les meilleures vignes de Verzenay et de Verzy, qui peuvent lutter avantageusement avec le Sillery, et de Mailly, qui lui est quelque peu inférieur. Tous ces vins réunis, après vendanges, dans les caves du château de Sillery étaient vendus sous ce nom et lui ont fait une réputation sans conteste, puisqu'il absorbait tous ses rivaux.

Ay et Mareuil-sur-Ay produisent des vins blancs assez doux, fins, délicats, parfumés, spiritueux et plus légers que le Sillery. Quand ils sont bien mûrs, ils conservent, sans addition de sucre, leur liqueur pendant plusieurs années.

— Parfait. Mais maintenant puis-je...?

— M'interroger sur le classement des Champagnes rouges.

Certainement.

— Etes-vous donc devin?

— Mais était-il bien difficile de prévoir votre question? Nous avons parlé de tout, sauf du classement des vins rouges? Vous sachant curieux, et non sans raison, ne devais-je pas naturellement deviner votre pensée?

Verzenay produit aussi des vins rouges qui ont de la couleur, du corps, du spiritueux et surtout beaucoup de finesse, de sève et de bouquet.

Les vins rouges de Bouzy participent aux mêmes qualités, mais ils se distinguent surtout par leur délicatesse et leur bouquet.

Le clos Saint-Thierry situé à sept kilomètres de Reims, produit des vins qui possèdent la couleur et le bouquet de vins de la Côte-d'Or unis à la légèreté du Champagne.

Cumières donne beaucoup de vins rouges, mais ils se conservent rarement plus de trois ans.

Viennent ensuite les vins de troisième classe, parmi lesquelles nous mentionnerons Villedommange dont les produits ne manquent ni de finesse ni d'agrément.

Sat prata biberunt : J'ai fini. Etes-vous satisfait?

— Pouvez-vous en douter?

— Permettez-moi de vous demander vers quelles contrées vous vous dirigerez en quittant la Champagne.

— Vers le Rhin où je dois saluer le Johannisberg.

— Si rien ne vous presse arrêtez-vous à Bar-sur-Seine et rendez-vous aux Riceys. Vous y goûterez un vin fort et capiteux, d'un goût agréable et pourvu d'un joli bouquet. Il ne peut être comparé aux grands crus de la Champagne et de la Côte-d'Or, mais il a plus de mérites que plusieurs de ses rivaux qui sont plus connus que lui.

A Bar-le-Duc, vous pouvez encore vous arrêter sans craindre de perdre votre temps fut-il même précieux. Là et à Bussy-la-Côte qui n'en est distant que de quelques kilomètres vous dégusterez des vins légers, fins, délicats, mais qui ne peuvent toutefois se conserver, à cause de leur finesse et de leur délicatesse, que dans les bonnes années.

De là prenez votre vol, puisque vous le désirez, vers le Johannisberg.

Je ne vous arrête plus.

DE L'ORIGINE DU PLANT CHAMPENOIS.

Les découvertes les plus importantes ont parfois des causes bien futiles en apparence. De même que la peinture tire son origine du désir qu'une jeune fille eut de reproduire sur une muraille la silhouette, tracée par l'ombre de son fiancé, afin de mieux garder le souvenir de ses traits pendant son absence, ainsi la découverte qui fut faite, au treizième siècle, du plant qui devait enrichir la Champagne et faire sa réputation dans le monde entier, eut pour cause l'amour de Saleb pour Lea et sa reconnaissance pour le comte Thibaut de Champagne.

Saleb, jeune esclave cypriote, était uni secrètement à Lea, qui par ses fonctions était appelée dans les appartements de la reine Alice de Chypre.

L'amour fit commettre à Saleb l'imprudence de pénétrer dans les appartements interdits aux hommes afin d'y rencontrer sa chère Lea.

Découvert, il allait expier sa faute sous le fouet, lorsque Thibaut, comte de Champagne, qui était uni d'amitié avec la reine Alice, touché de pitié à la vue des apprêts du supplice, demanda sa grâce et l'obtint.

Le jeune esclave se promit d'être reconnaissant et demanda au ciel l'occasion de témoigner sa gratitude au comte.

Il connaissait bien la nature et les péripéties

si étranges de la vie, le célèbre la Fontaine qui a écrit la fable du *rat et du lion* en nous donnant pour enseignement qu'on a souvent besoin d'un plus petit que soi. Le passé et le présent nous en fournissent de nombreux exemples, et l'avenir nous en réserve encore.

Quoique le séjour de l'île de Chypre lui fût fort agréable, cependant force fut au comte de Champagne de retourner dans ses domaines.

Son vaisseau l'attendait au port.

Il monte dans la barque. Mais au moment où il se retourne une dernière fois pour saluer la reine qui l'avait accompagné jusqu'au port, le pied lui manque et il tombe à la mer.

Oh ! horreur, le comte va périr, lorsqu'un jeune esclave se précipite du haut de la jetée.

Il plonge.

Pendant quelques minutes qui semblent des heures, la foule agitée, inquiète, attend avec anxiété.

Chaque seconde qui s'écoule augmente le danger.

Le comte est perdu, murmure-t-on de toutes parts... Et l'on oublie de plaindre celui qui s'est dévoué pour le sauver.

C'était un esclave !

Cependant cet esclave montrait une énergie et un dévouement qui eussent fait rougir bien des hommes libres et qui prouvait que la nature doue souvent mieux des dons du cœur les pauvres que les riches.

Enfin l'eau bouillonne et l'on aperçoit la tête de l'esclave qui s'élève lentement au-dessus de l'eau.

L'anxiété est à son comble.

Le comte est-il sauvé? telle est la question que tous les spectateurs répètent instinctivement.

Saleb, car c'était lui, nos lecteurs l'ont sans doute deviné, Saleb cherche à soulever un poids énorme pour ses forces. Il tient le comte par les cheveux.

Une barque qui l'avait aperçu fend les ondes et vole à son secours.

On veut le prendre.

— Sauvez d'abord le comte, s'écrie le généreux esclave.

Et par un effort suprême, il le soulève au-dessus des flots.

Mais ce dernier effort avait épuisé ses forces et il s'évanouit.

Un marin le saisit au moment où il s'enfonçait pour jamais dans le gouffre béant qui s'appelle la mer.

Le comte, remis de cet accident, se promit de protéger Saleb. Il le demanda à la reine et l'obtint.

Enfin on leva l'ancre et l'on fit voile vers la Champagne.

Saleb, affranchi et favori du comte, n'était pas heureux.

Il soupirait lorsqu'il était seul en s'efforçant de cacher à tous sa souffrance et la cause de sa douleur. La fortune ne donne pas le bonheur.

Cependant, le comte se promenant seul dans le parc de son château de Provins, aperçut Saleb en pleurs. Il s'avance vers lui sans être aperçu et l'entend qui disait en soupirant :

— O ma Léa bien-aimée, te reverrai-je encore?

Ces paroles furent un éclair pour le comte.

— Saleb, mon enfant, dit-il, tu pleures, tu me caches tes souffrances.

— Vous êtes si bon pour moi, seigneur.

— Saleb, où demeure Lea?

— Dans l'île de Chypre, seigneur.

— Demain, Saleb, tu partiras pour ta patrie et tu retourneras auprès de Léa..... et si la Champagne te plaît, tu pourras y revenir.

Ma protection vous sera acquise à tous deux.

Saleb partit.

Mais deux longues années s'écoulèrent sans que le comte entendît parler de lui.

Il le croyait mort, car il le connaissait assez pour être certain que Saleb eût été fidèle à sa promesse, sans un cas de force majeure.

Un jour que le comte se promenait, on lui apprit que Saleb, qui venait d'arriver avec une jeune femme, demandait la permission de se présenter à lui.

— Qu'il vienne, s'empressa de dire le comte, heureux de ce retour.

Il se porta même au devant de Saleb et de sa jeune femme, qu'il rencontra auprès du banc où le comte avait surpris, deux ans auparavant, Saleb pleurant sa séparation d'avec celle qu'il aimait.

— Saleb, dit le comte, en le recevant amicalement ainsi que Léa, asseyons-nous. C'est ici que tu as pleuré Léa ; c'est ici surtout qu'il te sera doux de lui sourire. Pour bien jouir du bonheur, il faut avoir été malheureux.

— Seigneur, lui répondit Saleb, je suis confus de vos bontés pour moi et je voudrais pouvoir vous témoigner ma reconnaissance.

— Ne m'as-tu pas sauvé la vie ?

— Vous me rappelez toujours, Seigneur...

— Mais chaque jour de ma vie n'est-il pas une suite de ce que tu as fait pour moi.

— Seigneur, fit-il en se jetant aux pieds du comte, je vous ai apporté un pied de l'arbre dont vous avez savouré en Chypre les délicieux produits qui réjouissent le cœur.

— Un pied de vigne !

— Oui, Seigneur, j'ai remarqué que dans ce pays, si riche d'ailleurs, le vin, pardonnez-moi ce jugement, n'est pas à comparer au nectar de ma patrie, et il m'est venu à l'esprit que si on transplantait en Champagne la vigne de Chypre on y obtiendrait peut-être un produit qui unirait le sucre et le charme du Midi à la vigueur du Nord.

— Très-bien Saleb. Et si la pratique confirme ta théorie, nous obtiendrons du vin parfait.

Léa s'avança à son tour et découvrit un magnifique vase où de belles roses s'épanouissaient.

— Dieu ! que c'est beau, s'écria le comte.

C'est une rose éclatante offerte par une rose qui n'a pas moins de charme, fit-il avec la galanterie qui était l'apanage des chevaliers du moyen-âge.

Venez, mes enfants, nous célébrerons votre heureuse arrivée.

Le rosier de Léa tiendra dans la fête une place d'honneur en attendant que le produit de la vigne de Saleb égaye les festins de l'avenir.

Les roses de Provins, fort recherchées au moyen-âge à cause de leurs vertus médicinales et de leur parfum, se vendirent longtemps aux foires de Troyes et de Provins.

Un siècle plus tard les coteaux incultes de la Champagne se couvraient de ces vignes qui en font aujourd'hui la fortune et la gloire.

DIXIÈME HALTE.

LE JOHANNISBERG ET LES VINS DU RHIN.

Le voyageur qui, de Geisenheim, se dirige vers le Rhin, arrive bientôt à cette célèbre langue de terre que les Allemands appellent le Johannisgrume. C'est une colline qui a environ trois cent quarante pieds d'élévation et qui compte à peine une centaine d'habitants. Elle est dominée par le château et le village de Johannisberg. A peu de distance du village, du côté de Wollrath, on voit une habitation que M. Von Mumm, riche négociant de Cologne, a bâtie, peut-être en souvenir de l'excellente spéculation qu'il fit, lorsqu'en 1811, il acheta sur pied, pour 32,000 florins, toute la récolte du Johannisberg. Une pièce de cette vendange fut ensuite revendue 11,000 florins. Pendant une longue suite d'années, l'heureux spéculateur eut le monopole du plus célèbre vin de l'Allemagne.

Le château de Johannisberg est entouré de petites collines couvertes de vignes. Orgueilleusement placé sur une haute montagne, il jouit d'un des plus beaux panoramas du Rhingau. Dans la chapelle du château, le prince de Metternich, propriétaire de ce domaine, a fait élever un monument en marbre à son ancien précepteur Nic Vogt, auteur des légendes du Rhin.

Devant la chapelle se trouve une statue de saint Jean-Baptiste, par Geertz.

Sur ce domaine se trouvait autrefois un couvent de Bénédictins, dont Bodemann fait remonter l'origine à l'année 1100. Ruthard, archevêque de Mayence, rapporte cet auteur, voulant expier certaines rapines dont ses serviteurs s'étaient rendus coupables le jour de la Saint-Jean fonda cette maison religieuse sur un alleu de l'archevêché. Jusque-là, on l'avait appelé « Montagne de l'évêque. » On lui donna depuis le nom de Montagne de Saint-Jean (Johannisberg), emprunté à la circonstance.

Nous n'entrerons pas dans le détail de l'histoire de ce couvent, qui, fut bouleversé pendant les troubles de la Réforme, en 1525, attaqué et réduit en cendres en 1552 par le margrave Albert, reconstruit ensuite et envahi de nouveau par les Suédois qui y restèrent pendant quatre ans et épuisèrent toutes les resssources de l'établissement, enfin cédé en 1710 à l'abbaye de Fulda, qui était liée de confraternité religieuse avec celle de Johannisberg. Le prince abbé Adalbert van Walderdorf changea la destination de l'antique cloître et en fit un magnifique château.

C'est depuis cette époque que le vin de Johannisberg a acquis la renommée dont il jouit, sans conteste, maintenant ; il la doit à une viticulture mieux entendue et à des vendanges tardives.

Les abbés de Fulda n'en étaient pas à leur coup d'essai ; depuis plusieurs siècles déjà, ils appliquaient leur méthode de planter la vigne, dans le domaine de Saaleck, sur les rives de la Saale, non loin de Hamulburg. Ils en avaient obtenu un vin que les meilleurs connaisseurs regardent comme aussi parfait et aussi généreux que le roi des vins du Rhin.

Les ceps plantés en 1774 sur le Johannisberg proviennent de Saalek et de Rudesheim. Becker, dans la relation de ses voyages, entre dans plusieurs détails sur les causes qui doivent nécessairement donner au Johannisberg, récolté au cœur de Rheingau, le suave parfum qu'il possède.

« Le terrain, dit-il, sur lequel croissent les ceps du Johannisberg, n'est pas étendu, mais il se trouve dans une position toute particulière et qui l'expose pendant tout le jour aux rayons du soleil.

« Notre cicérone, qui était le cellerier du prieuré, nous développa les causes qui produisent les qualités remarquables du Johannisberg. Ce vignoble est dans la situation la mieux choisie de tout le Rheingau.

« En juin et juillet surtout, le soleil donne en plein sur le coteau où les plantes étalent leurs fleurs. Les rayons sont tellement ardents que les surveillants doivent quitter leurs huttes et se retirer sur le côté opposé de la montagne. On soutient à Mayence, et Forster regarde cette hypothèse comme vraisemblable, qu'un banc de houille traverse les collines de Hocheim et de Johannisberg, et que la chaleur intérieure active encore celle que reçoit la surface. »

Le travail et les peines que coûte cette petite étendue de terrain sont incroyables. Les ouvriers y sont toujours occupés. Le printemps se passe à tailler et à lier. L'été donne surtout de la besogne aux vigneronnes. Elles arrachent les mauvaises herbes qui raviraient aux plantes une partie des forces nutritives qui leur sont destinées ; elles élaguent la végétation lorsqu'elle devient trop luxuriante et pourrait intercepter les rayons qui dardent sur les ceps.

On calcule, qu'en année moyenne, l'abbaye de Fulda récoltait cent pièces de vin, ce qui représentait une somme de 120,000 florins, en ne comptant la pièce qu'à 1,200 florins. L'étendue du vignoble n'est cependant que de quarante-cinq arpents. Tel est le résultat du travail et de l'intelligence qui a su combiner les plants de la vigne avec l'exposition du terrain et les ressources de la nature.

Ce travail est bien récompensé par le prix élevé de la vente des produits. En 1779, 1788, 1805 et 1811 ils ont atteint le chiffre extraordinaire de 25 fr. 80 cent. la bouteille.

Le Johannisberg se distingue par un bouquet prononcé et agréable, par sa sève et aussi par l'absence presque totale du piquant qui caractérise les vins du Rhin.

Les vins du Rhin se conservent longtemps sans se décomposer. Ils n'ont de rivaux pour la durée et la conservation que les vins de Madère et quelques vins d'Espagne. Mais il ne faut pas confondre les vins du Rhin avec les produits des vignobles de la Moselle qui leur sont bien inférieurs, qui sont à leur apogée après quatre ans et qui perdent de leur parfum à la dixième année et même bien plus tôt lorsque les vendanges ne sont pas favorables.

Dans le duché de Nassau, et dans le Rheingau se trouvent aussi deux crus dont la réputation est universelle et qui luttent sinon avec avantage tout au moins avec beaucoup de mérite pour disputer la palme au Johannisberg : ce sont le Rudesheim et le Hochheim.

Les beaux vignobles de Rudesheim et le village lui-même sont situés sur une colline. Le cru appelé *hinterhauser* parce que ses vignes sont placées contre les maisons du village et le *Rudesheinerberg* ne sont guère inférieurs au meilleur Johannisberg. Ces vins ont du corps, assez de force et un parfum agréable. Les vignes en ont été plantées sous le règne de Charlemagne et les cépages proviennent de la Bourgogne et de l'Orléanais. Ce qui corrobore ce fait rapporté par l'histoire, c'est que le raisin à pellicules dures se nomme encore *orléaner*.

Sur la rive droite du Rhin à 4 kilomètres de Mayence, on remarque Hochheim dont les produits se distinguent par un parfum aromatique très-prononcé et très-agréable. Les deux premiers crus qui ont formé la réputation de ce vin n'ont que 36 acres d'étendue, mais le village produit beaucoup d'autres vins qui se vendent en moyenne au sortir du pressoir 3,000 fr. les 1,300 bouteilles.

Mais en cherchant des rivaux au Johannisberg, je l'ai perdu de vue ainsi que son histoire.

Lors du traité de Lunéville, en 1802, un arrêt de la députation de l'empire germanique attribua la principauté de Fulda avec le Johannisberg à la famille de Nassau-Orange. Mais sa domination ne fut pas de longue durée. En 1807, Napoléon donna le Johannisberg au maréchal Kellerman, duc de Valmy. Plusieurs parties du vignoble furent alors changées en jardins légumiers.

Le Johannisberg passa en 1815 à l'Autriche, en vertu du Congrès de Vienne. Le 1er août de l'année suivante, l'empereur d'Autriche le donna en fief au prince de Metternich avec les propriétés qui en dépendent, c'est-à-dire 45 arpents de vignobles, 70 de prairies, 450 de terres arables et 400 de bois.

On voit que le fief de Johannisberg n'était guère destiné à jouer un rôle dans l'histoire, et qu'il eût comme beaucoup d'autres communautés religieuses passé tranquillement les siècles faisant moins de bruit que de bien, si la culture, cet art rendu célèbre par les religieux, ne l'eût à jamais tiré de l'oubli.

LE VIN DE HAMBOURG

— Avez-vous déjà goûté du vin de Hambourg? me demandait dernièrement un de mes amis, qui aime beaucoup les voyages et qui, dans ses pérégrinations, s'attache surtout à la recherche des choses extraordinaires.

— Du vin de Hambourg? répétai-je avec un sourire d'incrédulité.

— Oui, tout comme on dit en France du vin de Cette.

— Ah! ah! je comprends. Il s'agit sans doute de vins préparés, puisque le territoire de Hambourg étant situé au nord ne peut guère produire de vin.

— Ecoutez :

Je me trouvais flânant sur le port de Hambourg, lorsque je vis entrer un navire chargé de vins que l'on ne tarda pas à transporter dans un immense entrepôt.

N'ayant rien de mieux à faire, je suivis le travail du déchargement en lisant.

Le travail était presque terminé lorsque je rentrai à l'hôtel.

Après le dîner, je me dirigeai de nouveau vers le port, ma promenade habituelle.

Quel ne fut pas mon étonnement de voir le navire plus chargé de vins qu'au moment de mon départ.

Je m'approchai du capitaine du navire avec lequel j'avais déjà lié conversation et lui exprimai mon étonnement en ces termes :

— Si j'ai bon souvenir, capitaine, vous m'avez dit que toute votre cargaison était destinée à la maison M***, une erreur a-t-elle été commise, que je vois le navire plus chargé maintenant que tout à l'heure?

— On ne m'a signalé aucune erreur, monsieur, et je n'en ai pas découvert.

— Mais alors... ?

— Comment se fait-il, n'est-ce pas, que mon navire soit encore chargé?

— Précisément.

— Cela est bien simple, je transporte ici des vins de toute provenance.

L'établissement est admirablement situé comme vous le voyez. L'une de ses extrémités aboutit à l'Elbe, de sorte que les navires peuvent jeter l'ancre, débarquer directement leur chargement de vin de France ou d'Espagne et reprendre ensuite les vins préparés pour les exporter dans toutes les parties du monde.

— C'est donc à un chargement que vous êtes occupé maintenant.

— Oui. Et si vous désirez connaître la nature des vins de Hambourg, entrez dans l'atelier de fabrication, le sommelier que je connais tout particulièrement se fera un plaisir de vous faire connaître le procédé qu'il emploie pour vieillir en quelques mois des vins au point de tromper bien des gourmets.

Nous entrâmes et bientôt le sommelier, ayant appris l'objet de ma visite, s'empressa d'autant plus de me satisfaire que j'étais étranger et nullement engagé dans les affaires.

Il n'avait pas à craindre la concurrence.

— Quelques jours, dit-il, après que les vins sont débarqués, et après un repos suffisant on les examine avec soin et l'on détermine avec précision les quantités d'acide, de sucre, de tannin et des autres substances qu'ils contiennent.

Pour corriger leurs défauts et développer leurs qualités on y ajoute un mélange composé d'une certaine quantité variée, suivant les effets qu'on veut produire, de sirop composé de sucre de canne raffiné et d'alcool.

— Et l'on obtient ainsi ?

Pour toute réponse, le sommelier, qui pendant notre conversation avait piqué une pièce, m'offrit sa tasse à vin, remplie d'une belle liqueur jaunâtre.

— Mais ce vin a beaucoup de ressemblance avec le sherry.

— Aussi est-ce du sherry de Hambourg, répartit le sommelier.

— C'est du vin fabriqué ici ?

— Et, soit dit sans vanité, par votre bien indigne serviteur.

— Mais comment procédez-vous donc ?

— Le mélange du vin, du sirop et de l'alcool se fait dans de vastes récipients où le tout est brassé avec soin. On les transvase ensuite dans des foudres où on les colle afin d'obtenir une clarification bien limpide. Puis ces vins sont dégustés et classés suivant le succès obtenu par la fabrication.

— Et vous atteignez toujours votre but?

— *Errare humanum est.* Mais ce qui nous est plus nuisible encore que l'erreur dans nos combinaisons, c'est la nature des vins qui parfois ne se prêtent pas à l'assimilation.

— Et alors ?

— Les frais sont passés en profits et pertes

et les produits défectueux vendus à la consommation ordinaire.

— Il est heureux pour vous, que vous n'ayez pas vécu en France, sous le règne du roi Jean, en 1350.

— Que fit donc le roi Jean de si fâcheux pour le commerce de vin ?

— Il prescrivit aux marchands de vin de « ne point mêler deux vins ensemble sous peine de perdre le vin. »

— Diantre, vous me paraissez bien connaître l'historique du commerce de vin dans votre belle France.

— Seriez-vous étonné si je vous disais qu'en 1397, le prévôt de Paris fit une ordonnance qui défendait « aux gens de métier » de fréquenter les cabarets, les jours ouvrables, et aux marchands de vin de les recevoir. »

A cette époque, du reste, les cabarets étaient peu fréquentés, parce que des marchands parcouraient les rues en débitant du vin.

On évitait ainsi la perte de temps et d'argent.

En 1560 et 1579, diverses ordonnances défendirent aux personnes mariées d'aller boire et manger dans les tavernes et les cabarets.

Cette ordonnance qui avait un grand fond de moralité et d'économie, tomba en désuétude sous les règnes de François Ier et de Charles IX.

Peu à peu même le désir de l'inconnu et des aventures nocturnes s'empara de la cour et du roi de France lui-même qui, accompagné de ses courtisans, ne dédaignait pas de fréquenter la nuit les tavernes voisines du Pré aux Clercs.

Sous Louis XIV, les seigneurs allaient dîner et souper au cabaret, et pendant le règne de Louis XV, les roués de la régence se réunissaient chez le cabaretier en vogue de la rue Saint-Germain des Prés.

La moralité de Louis XVI modifia peu à peu ces tristes habitudes.

De cette époque datent les cafés et les restaurants.

On doit toutefois mentionner que des ordonnances de 1724, 1727, 1776 et 1791 font défense de fréquenter les cabarets pendant le service divin. La nuit les établissements devaient être fermés à huit heures en hiver et à dix heures en été.

L'ordonnance, qui est actuellement en vigueur, date de 1819. Si elle était observée, tous les cafés, estaminets, billards, et autres lieux ouverts au public, devraient être fermés à Paris, à onze heures du soir, pendant toute l'année.

Mais ces prescriptions sont tombées en désuétude et elles ne sont rappelées aux restaurateurs et aux consommateurs, qu'aux époques de troubles, lorsque la police sent le besoin d'éviter tout rassemblement qui pourrait dégénérer en révolte.

ONZIÈME HALTE

LE TOKAY. — LE RAYON DE MIEL.

Des bords du Rhin descendons vers l'empire d'Autriche et dirigeons nos pas du côté de la Hongrie, cette terre hospitalière de l'honneur et de la fidélité qui sont si rares de nos jours.

L'empire d'Autriche ne produit en général que des vins verts secs et peu généreux. La culture de la vigne n'y occupe que 1,275,738 *yochs* (57 ares) et ne produit que 40,000,000 *Eimers* (58 litres de vin).

Cependant on remarque dans la Hongrie plusieurs crus distingués des gourmets, et parmi eux, le Tokay qui n'a pas de rival sérieux pour les qualités qui lui sont propres.

Généralement en France on révoque en doute l'authenticité du vin de Tokay qui est offert par le commerce, comme dans les pays étrangers on se met en garde contre la contrefaçon du Clos-Vougeot et du Château-Laffite. Et cependant il est bien peu de personnes qui puissent se passer la fantaisie de donner 1,000 fr. pour une pièce de Clos-Vougeot et 1,500 pour une barrique de Château-Laffitte.

Un point toutefois, qu'il est important de noter quand on parle du Tokay et qui a créé l'opinion généralement répandue qu'on ne peut pas en obtenir de véritable, c'est que le produit d'un clos spécial de 600 pas de longueur, appelé Mèzes-Malé (rayon de miel) qui certes, fournit le meilleur vin du pays, est destiné aux caves de l'empereur et de quelques magnats qui y ont des vignes.

Mais après ce vin des rois, ce clos de l'empereur, Tokay a des produits remarquables par une grande douceur unie à beaucoup de générosité, de délicatesse et de parfum. Ce vin rafraîchit la bouche et enlève le goût de tous les mets qui l'ont précédé, pour ne laisser qu'une saveur délectable.

Tokay est un bourg considérable, situé au confluent du Theiss et du Bodrog à 150 kilomètres nord de Bude et 60 kilomètres sud de Cracovie.

Le mont Tokay, situé entre le bourg de ce nom et le village Tarzal, est considéré par plusieurs comme produisant le meilleur vin de liqueur du monde entier. Cette côte est de 9,000 pas de longueur. Mais comme je l'ai dit plus haut, le Mèzes-Malé ou rayon de miel n'a que 600 pas.

Ce fut Probus qui, en l'an 280 de l'ère chrétienne, a fait venir ce plant de la Grèce. Mais ce n'est qu'au dix-septième siècle que le perfectionnement apporté dans la fabrication de ce vin en a fait la réputation d'abord en Hongrie, puis dans les autres contrées de l'Europe, pour passer les mers et exciter d'autant plus l'admiration de l'Amérique que le pays de production est plus éloigné.

Comme cela arrive assez souvent, Tokay étant la localité la plus importante des vins du même genre qui sont récoltés dans cette contrée, a donné son nom à tous les produits. C'est ainsi que le Mèzes-Malé est considéré comme vin de Tokay, tandis que cette langue de terre appartient au territoire du village de Tarzal. Ce crû se distingue des autres vins par une douceur qui lui a fait donner le nom de rayon de miel. Les autres produits de Tokay et de Mada sont du même genre et ne lui cèdent le pas que de bien peu.

Les vins du village de Tallyo ont plus de corps, ceux de Zombar, plus de force; Szeghy et Szadany se distinguent par un parfum aromatique plus prononcé, Tolesva et Ordo-Benye se conservent mieux et supportent plus facilement le transport sur mer. Les produits des autres montagnes sont inférieurs. On cite cependant les vins de Gal-Szech, de Kryvostyan et de Bark.

Les vendanges dans le canton de Zemplin, où se récolte le Tockay, se font fort tard comme en Touraine. Elles n'ont lieu d'ordinaire qu'à la fin d'octobre et au commencement de novembre. On attend que l'action du froid en arrêtant la sève fasse tomber les feuilles. Les raisins étant ensuite directement exposés au soleil, l'élaboration des sucres se complète, tandis que la fraîcheur des nuits amollit la peau.

Peu à peu l'humidité surabondante s'échappe, les grains se dessèchent et acquièrent une couleur brune qui indique que le moment est favorable pour la récolte.

C'est alors que commence un travail dont on ne trouve guère d'analogie en France que dans la fabrication du Champagne. Il faut choisir les meilleures grappes desséchées par l'action du soleil, ôter les grains verts et pourris, placer les raisins de choix sur une table à rebords et creuse au milieu, enfin les presser légèrement afin d'en extraire le jus qui est reçu dans des vases de terre.

Ce jus est l'*essence* du vin et il en porte le nom.

On mouille ensuite le marc avec du moût des raisins non desséchés qu'on a pressé séparément. Afin d'éviter le mélange du marc avec le jus, on le met dans des sacs qu'on foule avec les pieds. Cette opération répétée donne le *maszlas* ou second vin de raisin cuit au soleil.

C'est alors qu'a lieu un mélange bien peu connu en dehors de la Hongrie.

Quelques propriétaires, mais ils sont rares, conservent l'*essence* dans de petits fûts spéciaux ; la plupart des vignerons procèdent à un mélange de l'*essence* avec le produit des raisins non desséchés.

Ce mélange se fait dans des proportions diverses et porte partant des noms différents. Pour obtenir du vin appelé *austruk*, on mêle 61 parties d'*essence* avec 84 de vin produit de raisins non desséchés.

Le *maszlas* s'obtient avec 61 parties d'*essence* et 169 de vin.

La colle qui est employée pour clarifier les vins de France est proscrite du Tokay. Elle nuirait à ce vin qui se clarifie de lui-même, mais sans jamais toutefois devenir limpide. Il se forme un dépôt visqueux qui s'attache assez fortement à la bouteille pour qu'on n'ait pas à craindre un mélange nuisible lorsqu'on le transvase.

Ces vins se conservent fort longtemps et acquièrent en vieillissant un haut degré de perfection. On en trouve qui ont cent ans et qu'on vend 4, 6 et jusqu'à 8 ducats (92 fr. 80 c.) la bouteille. C'est surtout en Pologne et dans le nord de l'Europe que ces vins sont recherchés.

On ne vend guère sous le nom de Tokay que l'austruk et le maszlas. L'*essence* n'entre pas plus dans le commerce que le *rayon de miel* qui est destiné à la table de l'empereur ; elle orne et égaye les festins des princes du blason ou des rois de la finance.

Ce qui nuit à la célébrité du Tokay, c'est qu'on fabrique du maszlas et de l'austruch, non-seulement dans les villages renommés pour la délicatesse, la finesse et la douceur de leurs produits, mais aussi dans tout le canton de Zemplin et même dans des vignobles comme le Saint-Georges, l'Œdenbourg et le Ratchdorf qui sont loin de donner d'aussi bons produits.

Je n'ai parlé jusqu'ici que du vin blanc de Tokay et des autres crus qui s'efforcent de lutter avec lui et dont plusieurs n'en sont que le pâle reflet, mais il existe dans le canton d'Arad un village du nom de Mènes qui donne de l'austruch rouge que quelques gourmets ont préféré au Tokay. On fait aussi de l'austruch rouge très-spiritueux à Glodova, Gyorok et Paulis.

Dans la Basse-Hongrie on distingue le village de Sirmien dont les vignes fort considérables, en 1687, furent détruites par la bataille de Mohatz. Ce vin de liqueur rouge a beaucoup de corps, de spiritueux de parfum et un goût fort agréable.

On ne peut pas quitter la Hongrie sans mentionner les excellents vins de table des environs de Bude; les vins blancs et rouges d'Erlau, dans le canton de Heresch qui sont très-agréables et ont beaucoup de feu et dont on fait de l'austruch, mais inférieur aux Mènes du canton d'Arab; les excellents vignobles d'Œdenbourg; les vins rouges et blancs de Gyœngyœsch, situé au sud du mont Matro; enfin le vin blanc du nom de Schiraker dans le comté de Nagyanter qui a quelque analogie avec le Champagne.

Telle est la réputation du Tokay que beaucoup de pays prétendent produire des vins qui participent à ses mérites : ce sont les vins *cuits* de Provence, le *vino sancto* en Italie, le vin de Cotnar en Moldavie, le Yenorodi dans l'île de Zante et le Piatra des Valaques. Mais tous ces vins doivent s'incliner en présence du Tokay, comme les princes du sang fléchissent devant la majesté du trône.

DE L'ENSEIGNEMENT PRATIQUE VITICOLE ET VINICOLE.

Sous le titre *Une Vigne expérimentale dans l'Yonne*, j'ai appelé l'attention des lecteurs sur les funestes conséquences de l'ignorance des vignerons qui suivent les errements de leurs ancêtres. C'était à la Société des agriculteurs de France qu'incombait le devoir de rechercher les moyens de remédier à cet état de choses. Un rapport que M. Louis Martin vient d'adresser au conseil de cette société, dont le but et les efforts sont si louables, nous fait espérer qu'une organisation complète permettra bientôt d'inoculer, si je puis m'exprimer ainsi, la science de la culture de la vigne et de la fabrication des vins, sans frais et sans beaucoup de gêne pour les vignerons.

Voici le texte de ce rapport qui sera sous peu discuté :

« 1° Il serait urgent que deux cours spéciaux de viticulture et de viniculture fussent créés dans tous les grands centres de production, et que les professeurs fussent *ambulants*, afin que, dans une période déterminée, tous les départements de la région aient été visités par eux.

« L'un s'occuperait de la vigne et de la culture pour le pays, des modifications à faire à l'outillage de l'extérieur, à la taille selon les cépages, les situations et les localités, en tenant compte des produits à obtenir, de la nature des terrains, des influences climatériques, etc., etc. ; toutes choses que généralement guide la routine ou la pratique, sans que rien de scientifique vienne justifier ou condamner, et dans tous les cas améliorer les procédés usuels.

« L'autre serait chargé de la vinification qui, depuis près de quarante ans, n'a pas fait de progrès sérieux, malgré des tentatives dont les résultats heureux n'ont eu qu'un écho trop souvent localisé. Là aussi, étudier les habitudes des pays, chercher à en voir les raisons, les approuver ou en démontrer la fausseté, tracer la marche à suivre, indiquer les bons instruments et donner les motifs de leur supériorité, favoriser ou combattre les tendances du commerce, selon qu'elles seraient en accord ou contraires aux notions scientifiques ou aux intérêts des propriétaires, tel serait son devoir.

« Chaque six mois ou plus souvent, si on le juge nécessaire, ils changeraient de département ou d'arrondissement selon l'importance de ceux-ci. En outre, ils ne se trouveraient jamais à la fois dans le même département. Le professeur de viticulture serait toujours appelé le premier.

« Au bout d'un certain temps les professeurs de viticulture et de vinification n'auraient plus, dans de rapides et très-courtes leçons, qu'à tenir les propriétaires au courant des progrès réalisés. — D'autre part, leur séjour dans le même lieu en serait très-abrégé, et, par suite, ils pourraient visiter un plus grand nombre de localités.

« Tous les ans, ils adresseraient au ministre de l'Agriculture, chacun sur sa spécialité, un rapport constatant ce que font les praticiens et ce que, dans leur intérêt, ils devraient exécuter;

rapport qui serait imprimé et distribué dans toute la région.

« Les frais de ces leçons seraient pris sur les budgets des divers départements de la région, qui fourniraient une quote-part, laquelle serait la même pour tous. — Toutefois celui des départements où siégera un professeur payera, *cette année-là*, une quotité *double* pour subvenir aux frais actuels nécessaires pour le cours.

« La nomination des professeurs se ferait par le ministre de l'Agriculture, sur la présentation d'une liste de deux membres, dressée par toutes les sociétés agricoles de la région.

« Après un petit nombre d'années, il n'est pas douteux que la culture de la vigne ainsi éclairée ne prenne un plus vigoureux essor en évitant à bien des agriculteurs de nombreux et coûteux mécomptes, en même temps que la production serait obtenue à meilleur marché et dans de meilleures conditions de fabrication.

« 2° D'une autre part, dans le but de relier plus intimement entre eux les membres de la section de viticulture, nous proposerons la création dans toutes les régions viticoles de sociétés régionales de viticulture qui ne seraient qu'une sorte de délégation de la Société des agriculteurs de France.

« Tous les membres de cette dernière société habitant le pays en feraient de droit partie sans nouvelle cotisation.

« Toutes les personnes de la région, non membres de la Société des agriculteurs de France, payeront une cotisation de 20 francs.

« Les frais de ces sociétés régionales, lesquels du reste seraient peu considérables, seraient pris sur le budget de la société.

« Le *Bulletin mensuel* publierait les travaux de ces associations dont les séances seraient aussi fréquentes qu'on le jugerait convenable.

« Chaque année, à l'époque des concours régionaux officiels, la Société régionale de viticulture de chaque circonscription se réunirait en congrès et discuterait fructueusement des questions formulées *un an* à l'avance et intéressant *uniquement* la viticulture ou la vinification locale.

« Au besoin, elle ferait elle-même des concours régionaux, partiels, comme types des machines admises, afin qu'on pût ainsi faire des expériences dont quelquefois la durée se prolonge par les analyses de laboratoires qui en sont un précieux complément. Nous en avons eu la preuve dans les données fournies par le concours expérimental vinicole de Narbonne (Aude), en octobre 1872.

« L'étude de l'ampélographie, pour les cépages dont la synonymie est si embrouillée et si obscure en certains pays, serait une œuvre désirable à laquelle on associerait le professeur ambulant de viticulture.

« Des recherches spéciales à ces régions seraient entreprises par chacune de ces sociétés dont les congrès annuels, variant chaque année de siége, comme les concours régionaux, apporteraient à ceux-ci des visiteurs sérieux. De cette organisation il ne saurait résulter que de grands bienfaits, tant pour les hommes qui se connaîtraient mieux que pour les choses de la terre dont les secrets seraient moins obscurs. Par suite, l'importation des machines perfectionnées sera plus usitée et les progrès dans la culture ou dans la fabrication seront bien plus nombreux et dans tous les cas plus sûrs.

« D'autre part, l'étude approfondie de la fabrication des vins dont les résultats seraient vulgarisés par les professeurs de viniculture, amènerait les agriculteurs à savoir tout ce que contiennent, soit *le* moût, soit *les* vins différents qui doivent en résulter au gré du fabricant, ce dernier, avec le même raisin noir pouvant faire à volonté, par un simple changement de manipulation, du vin *rouge*, du vin *rosé*, du vin *blanc*, du vin *doux* et de vin *sec*, du vin de *coupage* ou du vin de *consommation immédiate*, du vin de *liqueurs*, etc. Grâce à une instruction professionnelle plus complète, les populations viticoles fabriqueraient mieux leurs produits et réaliseraient de la sorte des progrès nécessaires aujourd'hui. »

Je fais des vœux pour que la Société d'agriculture adopte ce programme qui promet de bien utiles réformes et je demande surtout quelle se hâte de mettre sa théorie en pratique. Les meilleurs programmes ne valent pas le moindre progrès réalisé. Nos viticulteurs n'ont croupi que trop longtemps dans une ignorance aussi nuisible à leurs intérêts qu'à la fortune publique.

DOUZIÈME HALTE.

LACRYMA-CHRISTI. — LE MASSIQUE ET LE FALERNE. MARSALA.

S'il est un pays luxuriant de sa nature et que la paresse de ses habitants a rendu sinon inculte, du moins peu productif, c'est certes l'Italie où la richesse du sol, le climat, les rayons vivifiants du soleil, la variété des sites que forment les Apennins qui le traversent du nord au midi, où tout enfin se prête si bien à toutes les cultures, et surtout à celle de la vigne.

Tandis qu'en France, les vignerons choisissent avec soin les cepages qui conviennent le mieux au sol et à l'exposition, et s'efforcent de garantir leurs vignes contre l'intempérie des saisons, en Italie, la vigne croît pour ainsi dire sans soin, même dans les meilleurs cantons.

Aussi les vins de consommation sont-ils inférieurs aux produits ordinaires de la France. Et cependant ces vins sont moelleux ; mais sous l'apparence du corps et de la douceur ils sont grossiers, parce que la paresse qui fait abandonner la croissance des vignes à elles-mêmes poursuit les vignerons jusqu'aux vendanges, qui ne sont pas faites avec le soin qu'exigent ces produits dont la délicatesse et la finesse font les principaux mérites.

Ce défaut de soin est cause que les vins s'altèrent vite et partant ne peuvent que difficilement supporter le transport.

Afin de s'éviter un travail long et pénible, on plante en Italie les ceps de vigne auprès des arbres disposés en allée qui servent ainsi de soutien. Entre ces allées on sème des céréales.

La vigne abandonnée à elle-même donne beaucoup trop de fruits pour le cep et ne fournit pas le sucre nécessaire pour former de bons vins.

En France les ceps plantés selon le système italien donnent des vins acerbes et sans spiritueux, parce que la chaleur et les sucs nourriciers leur font défaut.

Le nord de l'Italie ne produit guère de bons vins. Le Piémont cultive 3,000,000 hectares de vigne et la Sardaigne 508,000. Mais ces vins ne peuvent pas supporter le transport à longue distance.

Seuls les produits d'Asti jouissent d'une certaine réputation surtout à cause des vins de liqueur. Mais chose étrange qui prouve bien la paresse des habitants de ce pays, c'est que les plants qui produisent les vins de liqueur sont confondus dans les vignobles avec ceux qui donnent des vins ordinaires, et qu'on ne les sépare qu'au moment des vendanges.

Le territoire qui formait autrefois le duché de Parme produit des vins ordinaires qui sont consommés dans le pays, et des vins de liqueur qui se distinguent par leur douceur.

Aux environs de Modène, les vins ont beaucoup de couleur et de corps; ils sont agréables mais manquent de spiritueux.

En Toscane, les produits sont lourds et pâteux comme les vins les plus grossiers du Bordelais. Mais comme eux, ils s'améliorent en vieillissant et méritent de fixer l'attention.

En approchant de Rome on distingue à Albano des vins blancs et rouges qui ont un goût agréable, du spiritueux, de la sève et un bouquet suave. Les vins rouges participent aux qualités des vins blancs et sont remarquables par leur belle couleur. C'est à Albano que se récoltent les meilleurs vins de l'Italie après le Lacryma-Christi.

A Montefiascone, situé à 75 kilomètres nord-ouest de Rome, on récolte des muscats très-liquoreux, d'un excellent goût et doués d'un parfum très-aromatique, très-prononcé et très-capiteux.

Une légende raconte que Jean de Fugger, accompagné de son domestique, visitant toutes les contrées du monde qui produisaient de bons vin, fut flatté si agréablement du parfum du vins de Montefiascone qu'il en but une trop grande quantité et en mourut.

Cette légende ayant couru le monde fit au loin la réputation de Montefiascone, dont les produits sont cependant bien inférieurs au Lacryma-Christi et aux vins d'Albano.

Orvieto, petite ville située aux environs de Rome, produit des vins très-agréables.

Avant d'arriver au Vésuve et de savourer le Lacryma - Christi, nous devons traverser la Campanie dont les Romains tiraient autrefois le Falerne et le Massique, que les vers du poëte bachique ont rendus célèbres.

C'est aussi le cas de répéter avec Virgile : *quantum mutati sunt ab illis.*

Là aussi on voit des vignes disposées en allées et ne produisant des vins qui n'ont ni le spiritueux ni le charme indispensables aux grands crus. Cependant on y récolte des vins blancs qui moussent quand on les met en bouteille en temps convenable. Ils sont moins lourds que les autres, et ont un goût agréable et une aspérité particulière qui leur a fait donner l'épithète *asperino.*

Les collines qui environnent le lac Averne et les montagnes qui entourent le village de Sainte-

Marie-de-Capoue, bâti sur l'ancienne Capoue, célèbre par ses mœurs efféminées, sont couvertes de vignobles excellents produisant des vins blancs qui participent aux qualités des Lacryma-Christi et se vendent sous ce nom. Les gourmets seuls les plus exercés peuvent les distinguer.

Le Lacryma-Christi se récolte au pied du Vésuve. La vigne en cet endroit occupe tout le terrain où il est possible de la cultiver. La partie voisine de la mer en est couverte.

Les produits forment trois espèces différentes de vins, le Lacryma-Christi, le vin muscat et le *vin grec.*

Fin et liquoreux, le Lacryma-Christi réunit à une belle couleur rouge un goût exquis et un parfum suave.

Le vin muscat y est d'une couleur ambrée et se distingue par sa finesse, sa délicatesse et beaucoup de parfum. Il occupe une des premières places parmi les muscats.

Produit de plants venus de la Grèce, le vin appelé *grec*, a beaucoup de ressemblance avec le malvoisie.

La Calabre produit de bons vins parmi lesquels on distingue le muscat de Carigliano, situé aux environs du golfe de Tarente.

Embarquons-nous pour la Sicile en évitant les écueils rendus célèbres par les poëtes de l'antiquité : Charybde et Scylla, qui pour l'écrivain se trouvent renfermés en un seul : l'ennui du lecteur.

En passant, visitons Caprée dont les vins rouges ont une belle couleur foncée, mais ne possédent pas de grands éléments de conservation, tandis que ses vins blancs ont beaucoup d'analogie avec nos meursault.

On ne peut passer à Caprée sans se rappeler Tibère qui l'habita si longtemps, et qui de cette île tyrannisait le monde entier.

Viennent ensuite les îles de Procida et surtout d'Ischia, que Lamartine a chantées, où quelques propriétaires ont des plants originaires de la Bourgogne, qui produisent des vins rouges très-spiritueux et d'un parfum très-agréable.

Abordons en Sicile qui ne produit guère que des vins ordinaires mais en abondance, et rendons-nous à Marsala, situé à 85 kilomètres sud-ouest de Palerme. Nous y dégusterons des vins blancs secs qui se distinguent par leur goût, leur nerf, une sève très-agréable, et qui ressemblent beaucoup au madère. La couleur en est plus foncée ; mais lorsque ce vin a été collé avec la poudre qui en précipite les matières colorantes, l'œil le plus exercé le prendrait pour du madère. La dégustation seule permet aux gourmets de reconnaître les nuances qui les distinguent.

Le mont Etna donne d'excellents vins rouges qui contrairement aux autres produits de la Sicile ne manquent ni de finesse, ni d'éléments de conservation. On les expédie surtout en Angleterre, aux Etats-Unis et dans le midi de l'Amérique.

Il est une chose digne de remarque, c'est que les vignes plantées sur des terrains volcaniques comme le Vésuve et l'Etna, ou sur des gisements houillers comme le Johanisberg donnent des vins supérieurs, parce que les plants reçoivent la double action du soleil et de la chaleur intérieure.

DE L'ORIGINE ET DE LA FABRICATION DU VERMOUTH.

— Eh bien ! toi qui dois tout savoir comme journaliste ou du moins parler de tout à tort et à travers, dis-moi quel est le mode de fabrication de l'excellent vermouth que nous venons de savourer.

Ainsi parlait Charles de Vertheuil dont la jovialité était proverbiale.

— Tu m'injuries, répondis-je en souriant, et tu me demandes de satisfaire à ta curiosité !

— *Castigo quos amo* : Si je te dis de dures vérités, c'est que je t'aime.

Garçon un second verre, cria Charles !

— Allons donc ! fis-je en me levant.

— Assieds-toi. Je veux exciter ta verve à la vue du liquide.

Dis-moi d'abord, quel est le pays où l'on a inventé le vermouth.

Ne remonte pas au déluge et encore moins à l'Olympe, car je sais que le nectar et non le vermouth était la liqueur des dieux.

J'écoute...

Je suis tout oreille...

Parleras-tu ?

— Mais tais-toi donc et apprends que le vermouth est d'origine italienne et que ce n'est en somme que du vin blanc rendu amer.

— Cependant, si j'ai bon souvenir, il me semble qu'on fabrique du vermouth en France.

— Certainement. Les vins blancs de la côte du Rhône et le Picardan dans le midi, sont très-recherchés pour cette fabrication. De ce que l'Italie a découvert la manière de faire le vermouth il ne s'ensuit pas qu'elle possède les vins les meilleurs pour la fabrication de cette liqueur, de cette espèce de vin blanc à la fois spiritueux et sucré, agréable et tonique qui, espérons-le, tiendra bientôt partout lieu de l'absinthe si funeste aux facultés de l'homme.

Les vins qu'on choisit de préférence sont ceux qui unissent une certaine douceur à beaucoup de feu et d'énergie, et possèdent un bouquet agréable.

— Quelles sont les substances qui entrent dans la composition du vermouth ?

— Elles varient suivant la qualité de la liqueur qu'on veut obtenir. Le vermouth de Turin ne renferme pas les mêmes éléments que celui de Chambéry et de Lyon.

Pour obtenir 100 litres de vermouth de Turin, on prend 125 grammes de quinquina jaune, 30 gr. d'aloès, 30 gr. de rhubarbe de Chine, 125 gr. de grande absinthe, 30 gr. de gentiane, 60 gr. de chardon bénit, 30 gr. de petite centaurée et 8 grammes de macis.

Le vermouth de Lyon s'obtient par l'adjonction de 125 gr. de quinquina jaune et de 30 gr. de rhubarbe à 100 litres de vin. Mais au lieu d'aloès, de la grande absinthe, de la gentiane, etc., etc., on y infuse 125 grammes d'écorces d'oranges amères.

Enfin 100 litres de vin blanc dans lequel on mélange 40 gr. de pulmonaire, 50 grammes de chardon bénit, 100 gr. de grande absinthe, 30 gr. de fleur de sureau, 40 gr. d'écorces amères, 40 gr. d'iris et 75 gr. de quinquina jaune, produisent le vermouth de Chambéry.

— Mais comment se font cette infusion et ce mélange ?

— La rhubarbe et le quinquina sont mis en macération, pendant huit jours, dans un litre de bonne eau-de-vie ; les autres substances s'infusent à froid dans 10 litres de vin blanc.

Lorsqu'on verse les infusions dans le vin blanc, on doit veiller à ce qu'elles soient bien claires.

— N'y a-t-il que ces trois procédés pour obtenir du vermouth ?

— On peut augmenter ou diminuer la quantité des substances qu'on infuse, selon qu'on désire obtenir un produit plus ou moins amer. Le fabricant doit consulter en cela le goût et les habitudes des consommateurs et des pays où ces liqueurs sont expédiées.

Mais ce qui est indispensable, c'est d'employer du vin blanc de meilleure qualité possible. Il faut aussi qu'il soit bien limpide.

— Mais le mélange des divers éléments qu'on ajoute au vin n'est-il pas de nature à le troubler ?

— J'avais oublié de vous dire qu'on colle le mélange afin d'obtenir une liqueur brillante qui flatte autant l'œil que le palais et l'odorat.

— Mais si après la fabrication on constate que le vermouth n'a pas assez d'étoffe ou qu'il a trop d'amertume, comment obvier à ces défauts ?

— Pour combattre l'amertume, deux moyens s'offrent au fabricant. Les uns ajoutent du sirop de raisin ou du sucre. Mais ce procédé n'est pas sans danger, parce qu'il peut déterminer la fermentation et rendre le vin trouble. Aussi croyons-nous plus naturel et plus efficace de corriger l'amertume en ajoutant du vin blanc doux.

Il est des fabricants qui remontent le vermouth en l'alcoolisant. Mais ce moyen ne peut guère être employé qu'avec de la vieille et bonne eau-de-vie qui augmente le coût de la liqueur sans ajouter beaucoup à ses qualités. Nous avons constaté que l'eau-de-vie mélangée directement au vin, sans préparation préalable, nuit au fumet. Aussi est-il préférable d'ajouter du Picardan de premier choix ou du Madère.

Formé de ces éléments, le Vermouth pur est tonique; mélangé avec de l'eau comme le bitter et l'absinthe dont on ne saurait trop proscrire la consommation, il est encore agréable au palais.

— Mais j'ai savouré dernièrement dans le Midi deux variations importantes du vermouth qui sont peu connues à Paris, je veux parler du vermouth-champagne et de la crème de vermouth dont l'inventeur est M. Sylvestre d'Avignon qui a des comptoirs sur nos principaux marchés. Pourriez-vous me dire quelles sont les qualités de cette fabrication nouvelle ?

— Oui, et pour que mon appréciation ait plus de valeur, je l'appuyerai sur le jugement qui a été porté dernièrement par un Comité d'experts.

Ce produit réunit aux charmes du champagne les qualités hygiéniques du vermouth. Il est pétillant, agréable à l'œil, frais à la bouche et salutaire à l'estomac. Sa douceur est tempérée par une légère amertume des substances toniques et aromatiques qui lui communiquent des propriétés apéritives. La richesse alcoolique de 18 pour cent, le rend inaltérable et lui permet de franchir les mers sans perdre aucune de ses qualités.

TREIZIÈME HALTE.

XÉRÈS. — MALAGA. — ALICANTE. — PORTO.

L'ancienne Bétique, chantée par Fénelon, renferme sur les chaînes de montagnes qui commandent ses côtes ou qui bordent ses rivières des expositions heureuses pour la culture des vignes. La chaleur du climat assure une maturité prompte et parfaite des raisins. On n'y a pas à craindre, comme en France et sur les bords du Rhin, les pluies de septembre et la température froide des premiers jours d'octobre.

Lorsque les vins d'Espagne sont traités avec soin, ils se distinguent par une sève et un bouquet aromatiques, et par une force qui répond de leur durée. Mais il arrive trop souvent que la paresse des habitants à l'époque des vendanges leur fait négliger ces mille riens qui aident tant à donner aux produits vinicoles le cachet qui distingue les grands vins.

Tels sont les renseignements que me donnait un hidalgo de mes amis qui avait bien voulu me servir de *Cicerone* dans mon excursion en Espagne.

Ayant lieu de craindre que l'orgueil national ne lui fît exalter outre mesure les produits de l'Espagne, je lui demandai s'il croyait que tous les vins de la Péninsule fussent remarquables par leur finesse et leur délicatesse. — Non certes, me répondit-il, nos vins rouges sont généralement grossiers, lourds, colorés et spiritueux et ne peuvent être comparés aux produits des grands crus de France, mais les vins blancs secs et surtout les vins de liqueurs ont bien peu de rivaux qui osent leur disputer la palme du mérite.

— J'ai appris à Tokay que Trajan fut la cause première du mérite exceptionnel des produits de ce clos dont les plants sont d'origine grecque. L'Espagne doit-elle aussi son développement viticole à quelque personnage célèbre de l'ancienne Rome?

— L'histoire ne dit pas quelle fut l'origine de la culture de la vigne en Espagne, mais elle nous apprend qu'elle a longtemps occupé le premier rang, parmi les contrées vinifères de l'Europe, et que du temps de Pline ses vins étaient très-estimés dans la capitale du monde.

— En quoi se distinguent les vins de liqueur d'Espagne?

— Je ne vous parlerai pas du cépage et de la chaleur du climat qui produit des raisins fort sucrés, mais j'appellerai votre attention sur la manière dont ces vins sont préparés. Une partie du moût est concentrée par l'ébulition; on le met dans des chaudières dont la capacité varie selon la récolte des propriétaires et qui, dans les environs de Séville et en Andalousie, contiennent jusqu'à 300 arobes ou 7,800 litres.

— Quelle est la forme de ces chaudières?

— Figurez-vous un cône renversé et beaucoup plus large que haut.

— Combien de temps laisse-t-on bouillir le moût?

— Après quarante-huit heures de soins assidus pour enlever l'écume qui se forme à la surface, le moût est réduit à un quart de son volume primitif. Le sirop que l'on obtient par cette opération sert à colorer le vin et à lui donner de grands éléments de conservation.

Le mélange de ce sirop avec du moût ordinaire a pour effet de faire cesser la fermentation avant l'entière dissolution des matières sucrées. Aussi ce produit reste-t-il doux et même pâteux pendant les premières années. En vieillissant, il acquiert de la finesse, de l'agrément et du parfum. Ces vins qui sont d'excellents toniques et si aptes à remédier aux indispositions de l'estomac, produisent de funestes effets lorsqu'ils sont bus avec excès.

— Et comment obtient-on les vins blancs secs de Xérès?

— On prend indifféremment des raisins rouges ou blancs qu'on étend sur des nattes pendant deux ou trois jours. Quand ils sont secs, on les égrappe en ayant soin d'enlever les grains verts ou pourris. Les meilleurs grains, placés dans des cuves qu'on saupoudre de gypse calciné, sont foulés par des hommes chaussés de sabots. Le jus est versé dans des tonneaux, où il subit une fermentation qui dure d'ordinaire pendant les mois d'octobre, novembre et une partie de décembre.

Alors on sépare le vin de la lie, et celui qu'on destine à l'exportation est *viné*, c'est-à-dire qu'on y ajoute une certaine quantité d'eau-de-vie qui varie de 12 à 15 litres par *botte* ou fût de 450 litres.

— Le vin ainsi préparé peut-il être livré immédiatement à la consommation?

— Nullement. Il reste même vert et âpre pendant assez longtemps et ne s'adoucit qu'après un séjour de 4 à 5 ans dans les fûts. Lorsqu'il est resté 15 ou 20 ans en cave il acquiert le parfum et les qualités qui le distinguent et le font estimer des gourmets.

Xérès, situé à 7 lieues nord de Cadix, produit différentes espèces de vins blancs, fort estimés : le *paxarète* est liquoreux, agréable et parfumé; le *vino secco*, quoique sec et amer, a un bouquet suave; l'*abocado* tient le milieu; moins doux que le *paxarète*, il n'a pas l'amertume du *vino secco*.

On y récolte aussi, mais en très-petite quantité, un vin de liqueur nommé *moscatel* qui est le produit de raisins de muscat qu'on fait sécher sur la paille avant de les mettre au pressoir. Sa couleur est peu ambrée et il se distingue par un parfum, une douceur et un goût suaves, par sa finesse et sa délicatesse auxquelles ne nuit aucune addition de spiritueux.

Le *malvasia*, autre vin de liqueur, est remarquable par sa délicatesse, sa finesse, son parfum et son goût très-suaves, qui le font comparer à l'excellent vin de Malvoisie qu'on récolte en Grèce et surtout à l'ile de Madère.

Les meilleurs vins de Xérès qui se récoltent dans les vignobles dits de terres blanches se métamorphosent en vieillissant. Pendant les trois premières années ils ne diffèrent guère des produits plantés dans les terrains *rouges* et sablonneux. De trois à six ans, ils prennent le nom d'*Amontillado*. En vieillissant encore ils deviennent plus spiritueux et d'une couleur plus ambrée, ils acquièrent les qualités qui ont fait rechercher le xérès. Après trente ans ils sont liquoreux et ne doivent être bus qu'avec réserve.

Les vins les plus fins et les plus recherchés de Xérès ne subissent aucune préparation et ne reçoivent aucune addition d'eau-de-vie. Chose digne de remarque, lorsqu'on les a soutirés deux fois de dessus leur lie, la première année, on n'opère plus ensuite aucun soutirage. Quand le vin est parvenu à son plus haut degré de perfection,il forme des *mères*, selon l'expression du pays, c'est-à-dire, qu'on retire chaque année un vingtième du contenu du fût, vingtième qu'on remplace par du vin moins vieux. Ce procédé est assez généralement adopté dans la plupart des meilleurs vignobles d'Espagne. C'est surtout vers l'Angleterre que sont dirigés les excellents vins secs de Xérès. Ils y sont fort estimés sous le nom de *Sherry-Wines*.

A Malaga je rencontrai un propriétaire de la Côte-d'Or qui a passé sa vie à aider puissamment au développement de la viticulture en Bourgogne. Vraiment, bien peu réunissent la théorie et la pratique au même degré que ce vieillard de quatre-vingts ans qui s'est instruit en voyageant. Grand propriétaire à Santenay qu'il habite et où il possède le cru renommé des *gravières*, M. Duvault a acquis peu à peu les crus les plus recherchés de Volnay et de Vosne, où se trouvent le Richebourg et la Romanée.

Lorsque je visitai la Côte-d'Or, il m'avait accueilli avec l'empressement et l'urbanité qui le distinguent, aussi notre rencontre en pays étranger, à trois cents lieues de la Bourgogne, ne tarda-t-elle pas à faire de nous presque deux amis. Qui n'a remarqué que deux personnes qui ne se sont même jamais vues, se sentent naturellement disposées à sympathiser lorsquelles sont nées sous le même ciel. C'est qu'on est si isolé en pays étranger que tout compatriote, ou toute personne qu'on a vue précédemment, vous rattache à la patrie ou aux relations passées.

Nous visitâmes ensemble les vignobles des environs de Malaga. Le territoire de la province de Grenade, étant presque partout montagneux, offre beaucoup d'expositions favorables à la vigne. Aussi renferme-t-il plusieurs crus recherchés par les gourmets et connus du monde entier.

Situé près de la mer à 25 lieues de Grenade et à 102 lieues de Madrid, Malaga est remarquable par son opulence et l'étendue de son commerce. C'est sur les montagnes qui l'environnent qu'on récolte les vins qui sont si recherchés en France et surtout en Angleterre et dans les pays du Nord.

Les vendanges y offrent une particularité sur laquelle je crois devoir appeler l'attention des lecteurs ; elles se font à trois reprises différentes : en juin on récolte les raisins qu'on veut faire sécher ; en septembre on procède à la cueillette qui produit le vin sec ; enfin pendant les mois d'octobre et de novembre on cuve les vins de liqueur.

On expédie aussi beaucoup de raisins frais de

Malaga vers le Nord où ils parviennent bien conservés, grâce au procédé dont nous allons parler : ces raisins sont cueillis avant leur entière maturité et emballés, la tête en bas, avec du son bien sec dans des pots de grès ou de terre dont le couvercle est fermé soigneusement avec du plâtre afin d'éviter le contact de l'air.

Quoique les expéditions des raisins verts et secs soient considérables, la récolte annuelle des vins s'élève encore à 35,000 *bottes* contenant chacune 472 litres environ.

Le vin le plus estimé du territoire de Malaga est le *Pedro-Ximenez*. Il est à la fois fin, délicat, liquoreux et parfumé ; et, ce qui en augmente encore le prix, c'est qu'on en récolte fort peu. Les produits généralement vendus sous le nom de Malaga sont des vins doux dits de *couleur*, bien inférieurs au *Pedro-Ximenez*, mais dont la production est bien plus considérable. Jeunes ils sont très-liquoreux et leur couleur est d'ambre assez foncée ; en vieillissant ils se dépouillent, perdent de leur liqueur et de leur spiritueux et acquièrent de la finesse et un parfum aromatique très-agréable.

Tandis que les vins de France, même des meilleurs crus et des années les plus favorisées, ne se bonifient que pendant 10 ou 15 ans tout au plus, et ne conservent guère toutes leurs qualités au delà de trente années, les vins de Malaga s'altèrent peu, même après un siècle.

Le muscat de Malaga est très-recherché ; sa couleur, légèrement ambrée d'abord, devient plus foncée à mesure qu'il vieillit ; son goût et son parfum sont des plus suaves.

Mais aux environs de Malaga, à Velez et dans d'autres localités, on récolte aussi des vins qui luttent en mérite avec ceux de ce cru et se vendent sous son nom, quoiqu'ils lui soient inférieurs. C'est le sort commun réservé aux choses comme aux hommes : le mérite inspire l'imitation.

A 15 lieues de Murcie et à 30 lieues de Valence se récolte le fameux *Tinto* rouge d'Alicante que ses qualités toniques surtout font rechercher. Pendant plusieurs années, il conserve une couleur foncée qui, en se séparant de la liqueur, s'attache aux parois de la bouteille qu'elle couvre entièrement. Les qualités de ce vin augmentent avec l'âge ; il est liquoreux, corsé, généreux, mais d'un goût quelque peu médicinal, que corrige toutefois un bouquet aromatique très-prononcé. En vieillissant il contracte un cachet piquant qui le caractérise. Ce vin ne peut être bu qu'à petites doses et pour obvier à des faiblesses d'estomac.

Dans le même canton, on récolte de très-bons vins blancs liquoreux, parfumés et d'un goût fort agréable, quoiqu'ils soient inférieurs au vin rouge. Ces vins blancs sont les plus connus et c'est d'après eux qu'on juge l'Alicante. Beaucoup ignorent l'existence du *Tinto* rouge.

Quittons Alicante et l'Espagne et dirigeons-nous vers le Portugal où nous aborderons à Pezo-da-Regoa, le principal entrepôt des *vins de Porto* qui font la richesse du Haut-Douro et le charme des Anglais. Les vins de Pezo-da-Regoa occupent le premier rang parmi les vins d'Espagne; ils ont une belle couleur, de la force et un parfum fort agréable. Beaucoup d'autres localités telles que Fontellas, Cumieira et Godim lui disputent, mais en vain, la palme.

Ce qui nuit beaucoup en Portugal, comme en Italie, à la qualité des vins, c'est la paresse des habitants qui, au lieu de tailler les vignes et de les étayer avec des échalas, les laissent pousser en liberté aux pieds des arbres.

Chaque année, en mars ou en avril, a lieu à Pezo-da-Regoa un marché qui dure pendant trois jours pour la vente des vins nouveaux du Haut-Douro. Mais depuis 1758, ce marché n'est pas libre; il est réglementé par le gouvernement qui a accordé le monopole du commerce des vins de cette contrée à la *Compagnie du Douro supérieur*. Les vignerons ne peuvent vendre leurs produits à d'autres négociants que si la *Compagnie* y consent ou refuse de les leur acheter. Le prix est fixé par quatre gourmets dont deux sont choisis par la *Compagnie* et deux par les municipalités de Villa-Réal et de

Lamégo. On comprend aisément que l'influence de l'or est fort à craindre pour les pauvres vignerons!

Ce monopole, cette confiscation déloyale de la liberté commerciale est l'œuvre du marquis de Pombal qui, après avoir spolié les ordres religieux, ne vit dans les paysans que des gens taillables et corvéables à merci.

On comprend aisément que les vignerons, en 1758, ne se laissérent pas dépouiller sans protester, mais le marquis de Pombal devançant d'un siècle le fameux Bismarck, mit en pratique la maxime funeste autant qu'injuste: La force prime le droit. Il fit occuper militairement la ville et les villages qui ne voulaient pas se laisser dépouiller d'un privilége qui est de droit commun : la liberté commerciale.

Toutefois, ce n'est pas à Pezo-da Regoa, mais à Porto, situé à une lieue de l'embouchure du Douro, que se trouve l'entrepôt général de la Compagnie qui, entre autres priviléges, a seule le droit de vendre le vin dit de Porto dans la ville et le territoire, à quatre lieues à la ronde.

Le Haut-Douro produit deux espèces de vins dont les uns subissent une préparation, et les autres sont livrés à la consommation tels que la nature les produits.

Les crus les plus distingués étant destinés à l'Angleterre, qui aime les vins alcoolisés, sont soumis à une fermentation prolongée dans la cuve et reçoivent au moment où on les met dans les tonneaux un douzième de forte eau-de-vie ; d'autres vins moins recherchés fermentent plus longtemps et sont chargés d'une moindre quantité d'eau-de-vie ; enfin ceux qu'on destine à la consommation ordinaire des habitants ne subissent aucune modification.

Les vins chargés d'eau-de-vie et destinés à l'exportation sont d'abord colorés, corsés et trop spiritueux ; mais après un séjour de plusieurs années en tonneaux et en bouteilles, le goût d'eau-de-vie ne se fait plus sentir ; la couleur s'affaiblit en devenant plus belle ; la finesse et l'arome se développent. Le degustateur se rappelle en les savourant les vins de la *Côte rotie* du département du Rhône, dont j'ai déjà signalé les mérites en parlant des vins de l'Hermitage.

UNE EXCURSION A L'ILE DE MADÈRE.

Qui n'a bu du vin qu'on lui offrait sous la dénomination de Madère, et cependant combien peu pourraient affirmer que le produit qu'ils ont savouré avait pour origine cette île située à soixante lieues nord des Canaries et surtout que c'était du malvoisie !

Madère offre un exemple frappant de l'action du travail et du sol, et des effets du soleil sur les produits viticoles. Le nord de cette île, qui a environ huit lieues de long sur quatre de large, est exposé aux vents froids et aux brouillards. Aussi les viticulteurs, ne pouvant y obtenir des produits supérieurs, abandonnent-ils trop souvent la vigne à elle-même. Des ceps hautains sont plantés aux pieds des orangers, des citronniers, des grenadiers, des châtaigners, et surtout des noyers qu'on y rencontre en grande quantité. L'ombre que projettent ces arbres nuit à la maturation des raisins, que ne contrarient déjà que trop les brouillards et les vents. C'est en vain qu'on retarde les vendanges jusqu'en octobre, la condition anormale dans laquelle se trouvent les raisins les empêchent de mûrir, et ils sont parfois si durs qu'on est obligé de les broyer pour en exprimer le suc. Le vin produit par cet expédient est blanc, de mauvaise qualité et de peu de conservation. Il ne sert utilement qu'à la fabrication d'une eau-de-vie que le vice de l'élaboration rend souvent encore peu agréable.

Cependant, dans les terrains voisins de la mer où il n'y a pas d'arbres, les vignes soutenues par des échalas fournissent des raisins qui mûrissent fort bien et donnent des vins bien supérieurs à ceux que produisent les ceps hautains.

La partie méridionale de l'île obtient toute la sollicitude des vignerons. C'est là que se récoltent les vins qui ont fait la réputation de Madère. On y choisit avec soin les terrains sablonneux, et surtout ceux qui sont pierreux. La création d'une vigne n'y est pas chose facile ; il faut fouiller dans le sable et les cailloux, l'argile ou la marne jusqu'à ce qu'on rencontre la terre dans laquelle on plante le cep. Mais la terre est si fertile qu'elle récompense au centuple le travail du viticulteur. La quantité le dispute à la qualité. Là, les vignes prennent un tel développement que l'on montre des ceps que trois hommes peuvent à peine enlacer. Afin d'appuyer ces tiges et d'exposer toutes les branches à l'action bienfaisante du soleil, on en forme des berceaux soutenus par des pieux à trois pieds au-dessus du sol. L'action de la réverbération du soleil sur le sable et les cailloux aide encore à la maturation du raisin. La vendange commence vers le quinze août et se fait à diverses reprises. Comme à Sauterne on récolte les grappes au fur et à mesure qu'elles ont atteint leur complète maturation.

Les hautes terres et les collines sont couvertes de cendres volcaniques et de laves. Sur les coteaux escarpés on a créé des terrasses, afin d'empêcher que les eaux n'entraînent les terres. Les viticulteurs de Madère comme ceux de l'Hermitage ayant la même nature rebelle à combattre et les mêmes effets à craindre : les pluies en hiver et la sécheresse en été, ont établi des conduits d'eau et des réservoirs sur les flancs de leurs montagnes.

Les premiers ceps plantés dans l'île de Madère sont, comme ceux de la Champagne, originaires de l'île de Chypre; mais la nature du terrain et l'action du soleil ont modifié le produit qui est léger et mousseux en Champagne, tandis qu'il est liquoreux sous le ciel brûlant du Midi. Ce fut vers 1425 que le prince Henri, sous les auspices duquel la première colonie portugaise s'établit à Madère, fit venir le plant, qui devait plus tard faire connaître l'île dans le monde entier.

Le terrain est si fertile dans la partie méridionale de l'île que toutes les plantes des quatre parties du monde qu'on y a apportées s'y sont développées et améliorées.

On y récolte cinq espèces différentes de vins qui tous se recommandent par leurs mérites à l'attention des gourmets ; ce sont le *malvoisie*, le *muscat*, l'*alicante*, les vins blancs secs et les vins rouges de *Tinto*.

Le *malvoisie*, dont le plant provient de l'île de Candie, est le vin de liqueur le plus estimé de Madère, il réunit des qualités qui semblent s'exclure : la douceur et la finesse que rehausse un arome spiritueux qui embaume la bouche. Il possède de grands éléments de conservation, et ce n'est qu'après plusieurs années qu'il est prêt à boire et que ses qualités se développent.

Pour obtenir le premier choix de malvoisie, on réunit les raisins les plus mûrs. Après la première pression, on rassemble les grappes, les grumes et les pellicules qu'on presse de nouveau à plusieurs reprises. La plupart des propriétaires mélangent les produits de toutes ces pressions, mais il en est quelques-uns qui les séparent et obtiennent des vins de diverses qualités.

La première pression donne un vin très-fin et très-délicat, le second produit est plus corsé; mais les autres, tout en possédant du corps et du spiritueux, ont une âpreté qui les rend peu agréables pendant plusieurs années, quand on ne les mélange pas.

Le vin muscat et l'alicante sont d'excellente qualité, mais généralement les propriétaires n'en font que pour leur consommation.

Après les vins dont nous venons de parler, dont les uns, comme le muscat et l'alicante, ne sont pas livrés au commerce, tandis que le malvoisie est recherché pour les caves des rois et des princes de la finance, viennent les vins blancs secs. Celui qui tient le premier rang est le produit du cépage appelé *sercial.* Sa verdeur et son âpreté du jeune âge se changent en spiritueux et en un goût de noisette qui voile son amertume. Sans avoir le charme des vins blancs de Bourgogne, il n'est pas piquant comme les produits du Rhin. Ce cépage ne donne guère que 40 à 50 pipes chaque année. Les autres vins vendus généralement dans le commerce sous le nom de Madère sont le produit d'un mélange de divers cépages : ils se distinguent par le corps, le spiritueux, un bon goût, un parfum agréable et une couleur ambrée qui rappelle le marsala de Sicile.

Le madère rouge est très-généreux et parfumé ; mais son usage à haute dose serait dangereux, parce qu'il est astringent. Aussi les propriétaires ne cuvent-ils guère séparément le *negramol* qui produit ce vin.

Comme les vins d'Espagne et du Rhin, le madère se conserve fort longtemps, et ce n'est qu'après 40 ou 50 ans qu'il acquiert toutes ses qualités. Ses éléments de conservation sont tels qu'il se conserve et se bonifie même sous tous les climats. Il convient de le garder dix ans en tonneaux avant de le mettre en bouteilles.

On comprend aisément qu'on ait cherché à hâter la vieillesse de vins aussi vigoureux. Des procédés employés, l'un est naturel, l'autre est le résultat de combinaisons scientifiques.

Je parlerai d'abord du procédé qui est à la portée de tous. Après avoir mis le vin dans des bouteilles dont les bouchons sont enveloppés avec des vessies, on les enfouit dans un trou profond et rempli de fumier. Après avoir séjourné un an dans cette étuve naturelle, il a acquis une grande partie des qualités qu'on recherche dans ces vins lorsqu'ils sont vieux.

Mais la science, perfectionnant ce procédé, a

construit d'immenses étuves où la température est maintenue à un haut degré. Là, en quelques mois, des tonneaux de vin acquièrent l'apparence de vétusté, la couleur et le parfum qu'on n'obtient d'ordinaire qu'après cinq ou six ans de fût. Mais qu'on ne s'y trompe pas toutefois, cette précocité n'est aquise qu'au détriment d'une partie des qualités du vin.

Quand le madère viellit naturellement pendant quarante ans, il dépose toute sa couleur sur les parois de la bouteille et devient blanc et l'impide comme de l'eau; son parfum est si prononcé que les personnes dont les nerfs sont délicats éprouvent une vive sensation. On rencontre difficilement, même à Madère, des vins qui aient atteint cet âge et ces qualités. Leur prix est alors très-élevé, il varie de 25 à 30 fr. la bouteille.

L'île de Madère produit en moyenne 50,000 pipes de vin, ou plus de 200,000 hectolitres qui sont expédiés dans toutes les contrées du monde, mais surtout en Angleterre, dans les Indes et en Amérique.

On comprend aisément que cette production ne suffit pas à la consommation qui est faite du vin de Madère dans le monde entier. Aussi, sans compter la fabrication hétéroclite, je mentionnerai les vins de plusieurs îles Canaries qui participent à certaines qualités du madère.

Les vins de Ténériffe ressemblent beaucoup

aux madères et proviennent des mêmes cepages. Là aussi, on récolte du malvoisie liquoreux, parfumé, fin et possédant de grands éléments de conservation ; les vins blancs secs ressemblent aux madères du même genre tout en leur étant inférieurs en corps et en parfum.

Le sol de l'île Canarie, qui lui a fait donner le nom d'*Ile fortunée*, est aussi très-favorable à la culture de la vigne. Ses malvoisies sont fins, délicats et parfumés, mais ils perdent parfois de leurs qualités en voyage. Quoique ses vins blancs qui se distinguent par leur légèreté, une grande finesse et un parfum agréable, soient faibles et peu spiritueux, cependant ils supportent bien le transport et se conservent longtemps.

Les îles de Sainte-Croix, de Gomère, de Palme et de Fer produisent aussi des vins qui participent à certaines qualités des précédents, mais qui leur sont de beaucoup inférieurs et ne possèdent pas surtout de grands éléments de conservation.

QUATORZIÈME HALTE.

COUP D'ŒIL SUR LES VIGNES D'ASIE, D'AFRIQUE ET D'AMÉRIQUE.

Avant de nous rendre au Cap de Bonne-Espérance et d'y déguster le délicieux vin de Constance, jetons un coup d'œil sur quelques contrées de l'Europe, sur l'Asie, l'Afrique et l'Amérique qui, sans produire des vins exquis, doivent cependant être cités comme complément de mon étude.

Je n'étonnerai aucun de mes lecteurs en passant sous silence la Suède et la Norvège où l'on ne rencontre que quelques rares ceps dans des serres chaudes. L'Angleterre, pays aux froids brouillards, n'est pas non plus propice à la culture de la vigne. Cependant la grande vallée de Glocester a vu pendant longtemps des vignobles considérables ; mais les Anglais, gens pratiques avant tout, ayant reconnu qu'ils ne pouvaient lutter contre leurs rivaux du Midi, ont abandonné, il y a quelques siècles déjà, la culture de la vigne pour les pommiers et les poiriers qui produisent d'excellent cidres.

En Belgique, cette France du Nord qui témoigna d'autant plus d'affection à ses frères du Midi qu'ils furent plus fortement atteints par le malheur; sur les bords de la Meuse, entre Huy et Liége se trouvent de nombreux coteaux où la vigne est cultivée avec soin. Mais ces produits, quoique délicats, ont un goût désagréable qui participe de la pierre à fusil.

Si nous traversons l'Allemagne dont nous avons déjà parlé, nous arrivons en Russie, l'ancienne patrie des Scythes, qui, en 1811 a prouvé, en brûlant Moscou et en détruisant tout sur le passage des vainqueurs, quelle n'avait pas oublié les procédés de ses ancêtres : Napoléon Ier fut aussi impuissant à les vaincre que Darius.

L'empire de Russie est si vaste qu'une partie de ses habitants sont exposés aux froids les plus vifs et ne voient jamais que la neige et la glace, tandis que les autres ne savent comment se garantir des effets du soleil. La vigne est cultivée de temps immémorial dans le midi de la Russie. Strabon fait mention des vins de la Crimée dont le sol est très-fertile, surtout dans la partie méridionale préservée des vents froids par des montagnes qui forment un demi-cercle. Les vins y sont doux et très-salubres, mais peu généreux.

La Crimée produit aussi des vins mousseux très-agréables. S'ils n'ont pas la finesse des produits de la montagne de Reims, ils possèdent cependant certaines qualités qui ont charmé plusieurs voyageurs, étonnés agréablement de retrouver dans une contrée éloignée des produits qui rappelaient leur patrie.

On y récolte même des vins de liqueur qui ne manquent pas de mérite.

Sur les bords du Volga on a transporté de Perse, en 1653, des plants qui ont parfaitement réussi ; mais dans ce pays les viticulteurs s'occupent de la vigne, moins pour obtenir du vin que pour lui faire produire des raisins qu'ils expédient à Moscou et à Saint-Pétersbourg.

Presque tout le territoire qui compose l'empire ottoman est favorable à la culture de la vigne, qui se développe rapidement sous les rayons d'un soleil vivifiant. Mais les prescriptions du Coran qui défend l'usage du vin a nui considérablement à la viticulture. S'il est vrai que bien des Musulmans usent, en secret, de cette bienfaisante liqueur, il n'en résulte pas moins que généralement la plupart des adeptes du Coran ne cultivent la vigne que pour en manger le fruit. Cependant les Grecs, les Arméniens et les Juifs s'occupent sérieusement des vins de liqueur dont plusieurs comme le *vin vert* de

Cotnar en Moldavie, le *malvoisie* de la Canée et le vin de la *Commanderie*, dans l'île de Chypre sont très-estimés et font partie de la première classe des vins de liqueur.

Le vin de Cotnar, dont la couleur verte devient plus foncée avec l'âge, se conserve pendant plusieurs années dans des caves profondes et bien voûtées, acquiert la force de la bonne eau-de-vie sans être capiteux et peut rivaliser avec le tokay auquel plusieurs amateurs le préfèrent même.

Dans l'île de Candie sur des collines qui touchent au mont Ida, célébré par les poëtes de l'antiquité, on récolte un vin de liqueur, un malvoisie qui peut lutter en délicatesse et en parfum avec les meilleurs vins de l'univers. Lorsque cette île était sous la domination de la Reine des mers, de Venise, elle exportait 200,000 barils de vin de Malvoisie qui, sans être tous aussi estimés que les produits de la Canée, étaient cependant fort recherchés en Europe. Mais depuis la domination mahométane, la population grecque a diminué et partant la culture de la vigne a été négligée.

En Chypre comme en France, les vrais promoteurs des progrès agricoles et vinicoles furent les religieux. Le meilleur vin de liqueur de cette île se récolte dans le canton de la *Commanderie* qui appartint d'abord aux Templiers et qui devint ensuite l'apanage des Chevaliers de Malte.

Ces vins ont beaucoup de spiritueux et un parfum très-agréable. Les raisins qui le produisent ont une peau mince et une chaire compacte qui résiste peu à l'action de la dent, tandis que dans d'autres vignobles de l'île, la peau est très-épaisse.

Les raisins destinés à faire des vins de liqueur ne se récoltent qu'à la fin du mois d'octobre. Les grappes déposées sur des terrasses, légèrement placées les unes sur les autres, y restent jusqu'à ce que les grains se détachent d'eux-mêmes sous l'effet d'une excessive maturité. Alors on les ramasse avec des pelles et on les porte dans des celliers où ils sont écrasés et passent au pressoir. Le moût en est naturellement très-doux et très-visqueux. Des vases de grès, d'une dimension qui atteint parfois 400 litres, reçoivent ce moût et sont ensuite déposés dans la terre jusqu'à la moitié de leur hauteur. Après une fermentation de quarante jours on ferme les vases avec des couvercles de terre cuite. Le vin n'est soutiré qu'au moment où on le transvase dans des outres pour le livrer au commerce. On récolte en moyenne 2,600 hectolitres de ce vin exquis.

Les Cypriotes prétendent, non sans raison, que leur vin vieux est un remède efficace contre la fièvre et qu'il sert de baume aux blessures.

Le vin de Scio que Virgile appelait le nectar des dieux et qui faisait les délices des festins de

César est quelque peu déchu du rang qu'il occupait dans l'antiquité. Soit que les cépages aient été changés, soit que ce vin ait besoin de voyager pour acquérir tous ses mérites et se dépouiller de ses défauts, on constate une certaine âpreté qui lui fait préférer les vins de Cotnar, de Candie et de Chypre.

Après ces vins exquis nous signalerons les produits de Piatra en Valachie qui participent à beaucoup des qualités du tokay, le vin cuit de Galistas en Macédoine, les vins muscats rouges et blancs de Samos, de Ténédos, de Chypre et de Smyrne.

Le climat de la Grèce est privilégié; on y jouit des rayons éclatants du soleil, tempérés par les brises de la mer qui entoure ce charmant pays, qu'ont illustré ses guerriers, ses législateurs, ses philosophes, ses orateurs, ses poëtes. La vigne y est plantée partout, sur les coteaux, dans les plaines, et partout elle produit beaucoup de vins. Plusieurs seraient excellents si on apportait plus de soin à la culture de la vigne et à la fabrication de ses produits. De nos jours, comme autrefois, les vins de liqueur sont les meilleurs de cette contrée. Pour les obtenir, les Grecs cueillent leurs raisins au mois d'août et les laissent sécher au soleil pendant huit jours.

Parmi ces vins de liqueur on distingue le *vino santo* de Santorin, le *malvoisie* qui se récolte à Misitra et à Malvasia dans la Laconie.

Mais la Grèce est surtout renommée pour ses raisins de Corinthe. Les plants qui produisent ces fruits ont des troncs plus gros que ceux de nos vignes; ils produisent plus de jets et plus de raisins; ils atteignent une hauteur de 4 à 5 pieds. Ces fruits qui sont si recherchés quand ils sont secs ne pourraient produire du vin de qualité supérieure.

A côté de la Grèce se trouvent les îles Ioniennes où l'on récolte non-seulement des raisins dits de Corinthe, mais aussi des vins rouges, muscats et liquoreux qui sont recherchés.

Les rochers d'Ithaque se sont transformés depuis Homère en vignobles dont les produits ont beaucoup de corps, de spiritueux, de parfum et une grande analogie avec les vins d'Hermitage. Le muscat de Cephalonie est de très-bonne qualité. Le *jenorodi* de Zante ressemble beaucoup au tokay.

Pour donner une idee de la production des raisins dits de Corinthe, il suffira de savoir qu'on expédie chaque année de l'île de Cephalonie seule plus de 4 millions de livres, de Zante 8 millions, d'Ithaque 350,000 livres sans compter Corinthe et les six villages qui l'environnent, dont les produits sont encore plus considérables et ont donné leur nom aux autres raisins similaires de la Grèce et de l'Asie-Mineure.

La Palestine semble frappée de stérilité depuis qu'elle a bu le sang du Fils de Dieu : ce pays autrefois si renommé pour ses bons vins n'a plus que quelques vignobles de peu de valeur. Et, si les vins blancs des environs de Jérusalem ont beaucoup de force, ils conservent un goût de soufre désagréable.

L'Arabie ne produit que des vins ordinaires. Ses raisins sont même pour la plupart dirigés vers le Caire où ils sont très-recherchés. Mais les vins de liqueur de la Perse qu'on récolte à Schiraz sont du plus haut mérite. Elles sont rares les vallées aussi délicieuses que celle où cette ville est assise. Tous les fruits de l'Europe s'y développent et y sont plus savoureux et plus parfumés. Ce pays est la Terre-Promise du monde moderne comme la Palestine le fut pour recevoir le peuple de Dieu. Le plant appelé *Damas* donne des grappes qui pèsent jusqu'à douze et treize livres. Le vin que ce raisin produit est franc de goût, et se distingue par le corps, le spiritueux, la sève et un parfum aromatique très-prononcé; sa douceur ne le rend ni pâteux ni fade ; il dégage la bouche du goût des mets qui l'ont précédé et y laisse comme la pastille de menthe une sensation agréable de fraîcheur. Il est naturellement spiritueux, mais la chaleur qu'il produit est douce, tonique et ne porte pas à la tête. Ce vin est non-seulement le meilleur de la Perse et de l'Orient, mais il peut lutter avec les crus les plus renommés du monde entier.

Schiraz produit aussi un vin blanc qui joint à une douceur agréable le parfum du vin sec de Madère avec lequel il peut rivaliser, lorsqu'il est resté en fût pendant plusieurs années.

La vallée de Cachemire dans l'Afghanistan donne d'excellents vins blancs liquoreux qui, sans pouvoir être comparés aux produits de Schiraz, ont beaucoup de mérite.

Quoique la vigne soit peu cultivée dans l'Indoustan, cependant on en rencontre dans plusieurs provinces. Les environs de Lahor produisent des vins qui sont estimés. Le vin dit de *palmier* supplée à la production de la vigne. A Calcutta, à Bombay et dans les autres entrepôts de l'Inde on importe beaucoup de vins de Bordeaux, d'Espagne et de Madère.

Le vin est inconnu dans la Cochinchine et le Tonquin, quoique la vigne y croisse naturellement.

L'immense empire du Fils du Ciel, la Chine, renferme dans presque toutes ses provinces des terrains et des expositions favorables à la culture de la vigne. Aussi l'histoire nous apprend que longtemps avant l'ère chrétienne on récoltait beaucoup de vins qu'on conservait pendant plusieurs années dans des urnes qu'on avait l'habitude d'enfouir. Cependant plusieurs édits ont été funestes à la vigne, qu'on prohibait en faveur de la culture du grain. Il fut un temps même où l'on en perdit presque le souvenir.

Au dix-huitième siècle les empereurs *Kang-Hi*, *Yong-Tching* et *Kien-Long* ont fait venir des pays étrangers de nouveaux cépages. Mais les habitants avaient perdu l'habitude de boire du vin pour s'adonner à des liqueurs fermentées extraites du riz, et à des infusions de thé. Aussi, malgré la bonne qualité des raisins et leur abondance, les Chinois font sécher la plupart de leurs raisins qui, d'après l'appréciation de plusieurs voyageurs, produisent des vins excellents. La province de Ha-Mi située au nord-ouest de la Chine fournit des raisins secs de deux espèces : les uns ressemblent au raisin de Corinthe, les autres sont très-gros et très-recherchés, lorsqu'ils sont frais, à cause de leur douceur et de leur parfum.

La riche vallée de Sogd, près de Samarcande, dans la Tartarie indépendante, renferme beaucoup de vignobles dont les raisins sans pépins sont d'une grosseur extraordinaire. On en fait sécher une grande quantité, quoiqu'ils produisent depuis longtemps de fort bons vins. L'histoire nous apprend que Tamerlan en offrit aux ambassadeurs de Henri III, roi de Castille, en 1393 et 1403 et qu'ils ne le trouvèrent pas sans mérite.

Quoique la vigne croisse dans l'empire du Japon, cependant on n'y fait pas de vin.

Les îles qui composent l'Océanie ne produisent guère de vin. A Mandanao, l'une des Philippines, on remarque quelques treilles ; l'île de Java possède des vignes dont les raisins ne sont pas bons; quoique le territoire de la Nouvelle-Hollande semble plus favorable, la culture de la vigne n'y a pas pris une grande extension.

L'Amérique, cette immense étendue de terre qui éprouve le froid glacial du Canada et la chaleur torride de l'Equateur, ne produit cependant aucun vin digne d'être mentionné. C'est que la nature du sol, le travail, l'expérience sont nécessaires au développement des produits vinicoles.

Quoique le Bas-Canada soit fertile et voie tous les fruits de l'Europe y prospérer, la vigne ne donne néanmoins que des vins amers.

Les Etats-Unis n'ont guère produit de vins qui méritent une mention spéciale. Cette culture même y est fort délaissée. Cependant dans les environs de Philadelphie on a fait venir des plants du Médoc, qui ont donné des vins sinon exquis du moins agréables et ayant quelque ressemblance avec les vins de Bordeaux. Depuis quelques années la Californie, ce pays de l'or, s'est occupé de viticulture et les résultats qu'elle a obtenus sont loin d'être dédaignés. S'ils n'ont pas la finesse de nos grands vins ils ne manquent pas de corps ni même de charme.

Des Etats-Unis, descendons au Mexique et transportons-nous dans la délicieuse contrée de Rio del Norte dont les belles campagnes rappellent l'Andalousie et renferment de beaux vignobles qui produisent des vins liquoreux et de bon goût. Ce ne sont pas d'ailleurs les seuls vins qui méritent d'être signalés au Mexique, les vignobles de Parras dans la Nouvelle-Biscaye, de Saint-Louis-de-la-Paz et de Zelaya dans le Méchoacan sont aussi appréciés des gourmets.

Entre l'Amérique du Nord et l'Amérique du Sud se trouvent les Antilles dont le sol et le climat sont favorables à la vigne. Elle y croît partout où on la plante et produit même deux récoltes par an. A l'île d'Haïti, les bords de la mer et plusieurs montagnes produisent des grappes dont les raisins sont gros comme des œufs de pigeons. On y rencontre aussi des bois entiers, des forêts même de ceps qui s'attachent aux arbres. Et néanmoins on y fait très-peu de vins : c'est à peine si l'on cite le Saint-Martin, près du Port-au-Prince, les Grands-Bois et quelques plantations au môle Saint-Nicolas. L'île de Cuba, la reine des Antilles, récolte beaucoup de raisins de treilles, mais ne produit pas de vins.

La Colombie, placée sous l'Equateur, est exposée à une trop haute température pour que la vigne puisse y prospérer. Dans la Guyane, les raisins sont dévorés par les insectes au moment des chaleurs et pourrissent pendant la saison pluvieuse.

Les vignes du Pérou produisent de bons raisins et de bons vins. Lima, qui en est la capitale, en fait un commerce assez étendu. Les vins de Lucomba, de Pisco et du Lac sont recherchés. On en expédie même en Europe.

Au pied des Cordillières et sur les montagnes qui les environnent la vigne est partout cultivée et fournit d'abondantes récoltes.

Le Brésil est si favorable à la vigne que dans certaines contrées de cet immense empire on fait trois vendanges, en mars, en mai et en septembre. Mais cet arbuste n'y est cultivé que pour le fruit et nullement pour la fabrication du vin.

Au sud-ouest du Brésil se trouvent le Paraguay et le Chili, la Plata et l'Uruguay où la vigne est rare, quoique le terrain lui soit favorable. La Patagonie ou Terre de Feu et les îles qui en dépendent et qui terminent l'Amérique méridionale ne sont guère civilisées, malgré les efforts du roi Antoine-Aurélie Ier que les journaux français auraient dû encourager au lieu de le poursuivre de leurs sarcasmes. Il est lâche d'insulter aux vaincus, surtout lorsqu'ils sont les promoteurs des progrès intellectuels et moraux des peuples !

La vaste Péninsule de l'Afrique n'est guère plus connue que dans l'antiquité, malgré les excursions des hardis voyageurs dans les déserts du Sahara. Et si ce n'était la découverte du cap de Bonne-Espérance, les études sur cette contrée devraient se borner aux connaissances que nous ont donné les anciens.

En Egypte, la culture de la vigne remonte aux temps les plus reculés. Antoine et Cléopâtre en faisaient les délices de leurs festins. Pline nous apprend que Sebeinutus alimentait les tables de Rome et que les vins d'Alexandrie étaient très-recherchés. De nos jours les vignes sont encore nombreuses en Egypte où elles prennent un rapide accroissement, surtout dans le Fayoum et aux environs du lac Méris. Les chrétiens y font de bons vins, mais qui cependant ne peuvent être comparés à celui que les anciens Egyptiens fabriquaient sous le nom de *Arisonoïte*. La conservation surtout lui fait défaut.

On remarque très-peu de vignes en Nubie, tandis qu'en Abyssinie, on les cultive non-seulement pour manger les raisins frais et secs, mais on y fait même du vin. Cependant, l'habitude fait préférer aux habitants une certaine boisson fermentée faite d'orge et de miel.

Pline et Strabon ont vanté la fertilité du mont Atlas. Strabon nous apprend que les grappes étaient longues d'une coudée et que certains troncs de vigne étaient si gros que deux hommes pouvaient à peine les enlacer. Le Mahométisme et les préceptes du Coran y ont nui comme en Turquie à la culture de la vigne.

La ville de Tanger, dans le royaume de Maroc, se ressent du voisinage de l'Espagne. Les chrétiens y sont plus nombreux et partant la vigne y est mieux soignée. Mogadore exporte une très-grande quantité de raisins récoltés sur son territoire.

Le Sénégal et la Guinée n'ont pas de vignes.

Dirigeons-nous sans crainte vers le Cap des Tempêtes. Le vin de Constance nous y appelle; il mérite toute l'attention des gourmets et une étude spéciale.

LES VINS DE CONSTANCE AU CAP DE BONNE-ESPÉRANCE.

Le Cap des Tempêtes appelé par Vasco de Gama le Cap de Bonne-Espérance a justifié le nom qui lui fut donné. Non-seulement cette découverte en amena bien d'autres pour l'ancien monde, mais le sol même du Cap de Bonne-Espérance a éte une source d'heureuses inventions. Je ne parlerai pas des diamants, qui rivalis ent avec ceux du Brésil, les vins forment des joyaux bien plus utiles à l'humanité.

En 1650, lorsque les Hollandais s'établirent au Cap, ils n'y trouvèrent que d'immenses bruyères. Ils y importèrent, comme dans toutes leurs colonies, des plantes d'Europe. La vigne y prospéra, mais les terrains voisins du Cap étant formés d'alluvions vaseuses et sablonneuses, les vins y ont un goût de terroir auquel nuit encore le fumier employé pour obtenir un rendement plus considérable.

A quelques lieues du Cap, les vignobles plantés dans des terrains pierreux fournissent des vins d'excellente qualité.

Si les vignes qui produisent les vins d'ordinaire sont mal entretenues, si l'on n'y met pas d'échalas, si les raisins touchent à terre, si au moment des vendanges, on met, par une incurie incroyable, des branches entières avec les fruits dans la cuve, si ces fruits ainsi négligés ne produisent que des vins qui tournent à l'aigre, le crû de Constance situé à deux lieues du Cap, sur la partie basse de la montagne de la Table, donne des vins exquis. Deux clos se disputent la palme. Leurs vins ont une douceur agréable, beaucoup de finesse, de spiritueux et un bouquet des plus suaves. Le vin blanc, quoique moins corsé et moins liquoreux que le rouge, se vend au même prix.

Les produits de ces deux clos, qui atteignent à peine 1,000 hectolitres dans les années abondantes, sont toujours achetés avant la récolte. Aussi, même au Cap, il est difficile de s'en procurer du véritable. On l'y paye 5 fr. la bouteille, tandis que les vins ordinaires ne se vendent que quelques sous.

Après ces vins qui tiennent le premier rang au Cap et qui peuvent lutter avec les meilleurs produits vinicoles du monde, on estime les *muscats* dont les plants sont nombreux mais dont la vendange est amoindrie par les insectes. Ces muscats ne valent certainement pas les vins de Constance, et cependant, grâce à certaine préparation, ils sont vendus, sous ce nom, non-seulement à l'étranger mais au Cap même.

On y récolte aussi le *vin du Rhin du Cap* qui est d'un goût exquis, et le *vin de Rota* qui a beaucoup de corps, de spiritueux et de parfum.

Non loin du Cap se trouvent l'île de Madagascar où l'on a planté quelques vignes, mais où l'on ne récolte que bien peu de vin, les îles de France et de Bourbon où la culture a pu obtenir des produits qui ne sont pas sans mérite, mais qui exigent trop de travail, de soins et de frais pour être rémunérateurs.

APPENDICE.

Notre tour du monde vinicole étant terminé, rappelons nos souvenirs et classons les vins selon leurs mérites, afin d'aider aux achats des lecteurs. Et, comme le libre échange n'existe pas encore, comme des traités prohibitifs ont établi des barrières d'or entre les produits des différents pays, sachons aussi quels droits, les douanes exigent pour l'entrée et la consommation des vins.

I

CLASSIFICATION GÉNÉRALE DES VINS DE FRANCE ET DE L'ÉTRANGER.

Pour mieux préciser nous diviserons les crus en trois catégories : les vins rouges, les vins blancs et les vins de liqueur.

Vins rouges non liquoreux.

Première classe. — En France, les vins du plus haut mérite se récoltent en Bourgogne, en Dauphiné et dans le Bordelais.

La Bourgogne produit le Clos-Vougeot, la Romanée-Conti, le Chambertin, le Richebourg, le Musigny-Vougeot, la Romanée Saint-Vivant, la Tâche, le clos Saint-Georges et le Corton.

Dans le Bordelais, on peut considérer comme faisant partie de la première classe, non-seulement les quatre châteaux, Margaux, Laffitte, Latour et Haut-Brion, mais aussi les vins dits de second cru qui ne le cèdent guère aux premiers : le Branne-Mouton, le Léoville, le Larose, et le Pichon-Longueville.

A Tain, la montagne de l'Hermitage produit des vins qui sont recherchés par les gourmets. Mais la quantité n'est pas assez considérable pour que par leur diffusion ils acquièrent la notoriété des premiers crus de Bordeaux et de Bourgogne.

Il n'est aucun des produits rouges non liquoreux des pays étrangers qui puissent rivaliser en finesse avec les vins que je viens de signaler. C'est en vain que les Portugais vantent les vins du Haut-Douro dans les provinces de Tra-los-Montès et de Béira.

Deuxième classe. — Ces vins se récoltent en

France dans huit provinces. Je signalerai les premières cuvées de Vosne, parmi lesquelles on remarque le Murgey, les Nuits, Chambolle, Morey, Volnay, Pommard, les Gravières à Santenay dans la Côte-d'Or; les clos des Perrières, des Préaux de Tonnerre, de la Chaînette et de Migrenne, dans le département de l'Yonne; le Moulin-à-vent et les Torins dans le Beaujolais; le Verzy, le Verzenay et le Bouzy, situés sur la montagne de Reims; les deuxièmes crus de l'Hermitage, la Côte-Rôtie dans le Lyonnais; le clos la Nerthe à Château-Neuf du Pape, les choix de Margaux, de Saint-Julien, de Pauillac et de Saint-Estèphe dans la Gironde; le Collioure, le Banyuls, département des Pyrénées-Orientales; enfin le vin de Gan et de Jurançon que Henri IV a rendus célèbres.

L'Allemagne, l'Espagne, le Portugal, la Turquie, la Grèce, la Perse et l'Île de Madère produisent des vins rouges qui doivent être compris dans la seconde classe; ce sont les vins d'Asmanhausen, dans le duché de Nassau, de Bade, de Sirmien, d'Erlau-en-Hongrie et du Mont-Calemberg dans la Basse-Autriche; d'Olivenza en Espagne, de Tro-las-Montès et de Moncâo en Portugal; d'Arinse et de Mestre, dans l'île de Scio; les meilleurs produits d'Ithaque, de Zanté, de Céphalonie qui appartiennent aux Tonniennes, quelques crus de la Morée en Grèce; les vins d'Ispahan et de Schiraz en

Perse ; les meilleurs produits de la vallée de Cachemire ; le *Tinto* de l'île de Madère.

Troisième classe. — Les contrées qui produisent des vins de la deuxième classe en fournissent généralement aussi de la troisième. Ils diffèrent moins de leurs heureux rivaux par le corps que par la finesse.

La Champagne produit les vins d'Epernay, de Rilly, de Cumières dans la Marne, de Riceys, d'Avirey et de Bagneux-la-Fosse, département de l'Aube. En Bourgogne, on signale Aloxe, Santenay, Savigny et Chassagne, département de la Côte-d'Or ; quelques crus de Danemoine, d'Epineuil, de Clairion et de Boivin, dans l'Yonne ; de Fleury, la Chapelle-Guinchey et Romanèche dans le Mâconnais et le Beaujolais.

Parmi les vins de la Gironde qui peuvent être admis dans la troisième classe, nous citerons le château Laborde, les quatrièmes crus du Bordelais, et les vins de choix des cinquièmes crus de Margaux, Saint-Julien, Pauillac, Saint-Estèphe, Ludon, Saint-Seurin de Cadourne.

Plusieurs vignobles du Lyonnais et du Dauphiné le cèdent peu à ceux de Bourgogne, du Bordelais et de la Champagne, mais la quantité en est si petite qu'ils sont peu connus ; ce sont dans le Dauphiné le Mercurol, les Croses et le Cervant ; dans le Lyonnais, le Vérinay.

Le Languedoc produit une grande quantité de vins qui rivalisent avec les précédents et que leurs prix peu élevés font rechercher ; ce sont les Tavel, Saint-Geniez, Lirac, Ledénon, Laurent-des-Arbres et les *Cante-Perdrix*, à Beaucaire ; les Carmes de Saint-Joseph, département de l'Ardèche.

En Provence et dans le comtat d'Avignon, on récolte de forts bons vins, mais en si petite quantité qu'ils sont peu connus, surtout à Paris, où on ne les expédie guère. On cite le clos Saint-Patrice, de Bacoup et de Côteau-Pierreux, à Château-Neuf-du-Pape ; le Côteau-Brûlé, à Sorgues, et la terre de Saint-Sauveur à Aubagne, département de Vaucluse, qui sont très-agréables et ont beaucoup de velouté ; les Saint-Laurent, Gagnes et Villeneuve, département du Var.

Les vins secs, fins, légers et spiritueux des crus de Bergerac, Genestet, la Force et Sainte-Foix-les-Vignes dans le Périgord ; les produits du cap Breton, de Messange et de Souston, dans le département des Landes, qui sont corsés et spiritueux ; les seconds crus de Jurançon et de Gan dans les Basses-Pyrénées sont pour la plupart expédiés à Bordeaux et vendus ensuite à l'étranger comme vins du département de la Gironde avec lesquels ils ont beaucoup d'analogie.

Enfin, on ne peut passer sous silence les vins

du petit côteau de Chanturgues, près de Clermont-Ferrand, qui ressemblent beaucoup aux vins du Bordelais, mais qui sont consommés par les amateurs de l'Auvergne parce qu'ils ne supportent pas le transport.

Dans les pays étrangers, nous signalerons le Bleichert dans le duché du Bas-Rhin ; quelques vignobles du Necker dans le Wurtemberg, et les Kœnigsbach et Wangen en Bavière; la seconde qualité des crus cités dans la deuxième classe de l'Autriche et de la Hongrie, le choix des vins de Presbourg, de Barsch, de Neogard et Wesprin en Hongrie, de Poleschowitz et Brunn en Moravie, de Bolzano en Tyrol, de quelques crus de la Carniole, de l'Esclavonie, de l'Istrie et de la Dalmatie.

En Italie, on cite les vins de Carmignago et de quelques vignobles situés près de Florence, d'Albano, d'Orviéto et de Terni dans les Etats Pontificaux, de Bari et de Reggio sur le territoire de l'ancien royaume de Naples, de Mascoli, de Taormina et du Faro en Sicile, enfin de quelques clos des îles de Caprée et d'Ischia.

Les produits de Faverge et de Cortaillouds de la principauté de Neuchâtel, figurent à côté de la plupart des vins fins du Haut Douro en Portugal et de Valdepeñas dans la Nouvelle Castille.

Signalons encore les vins de Koos en Crimée, de Zimslansk sur le Don, de Tiflis et de Chamakhi en Russie ; quelques crus des environs de Cotnar en Moldavie, de Valone, Loucovo et Dzidza en Albanie, de Chastita en Macédoine, de Kissamos, dans l'île de Candie, de Kesroan et du Liban en Syrie, d'Amodos dans l'île de Chypre, les meilleurs vins de Corfou, Sainte-Maure et Cerigo, dans les îles Ioniennes; les crus recherchés de Chéronée, Lépante, Polioguna et Mégare en Grèce, les vins de Kasbin et d'Yesed en Perse, et certains crus privilégiés du cap de Bonne-Espérance.

Nous ne parlerons pas des vins inférieurs à la troisième classe, et qui se récoltent non-seulement dans presque toutes les provinces de France, mais aussi dans beaucoup de contrées de l'ancien et du nouveau monde.

Vins blancs.

Première classe. — En France cinq provinces fournissent des vins blancs secs qui occupent le premier rang. Les Champagnes sont universellement connus : les vins si fins de Sillery, de Verzenay, de Mailly et de Verzy ; les produits plus moelleux d'Ay, de Mareuil, de Dissy, d'Hautvillers et des vignes dites du Clozet à Epernay.

Plusieurs gourmets préfèrent aux vins que nous venons de citer, les Montrachet de la Cote-d'Or et les premiers crus de Sauterne, Barsac, Preignac, Bommés et Villenave d'Ornon dans la Gironde.

Les excellents vins de Château-Grillet, dans le département de la Loire, et de l'Hermitage, ne cèdent qu'à regret le pas aux précédents.

C'est seulement en Allemagne, en Espagne et dans les îles océaniques que nous rencontrons, dans les pays étrangers, des vins blancs secs de première classe : Après le Johannisberg, le roi des vins du Rhin, on peut encore savourer le Rudesheim, le Steinberg et le Hochheim dans le duché de Nassau, le Liebfrauenmilch à Worms, le Leist et le Stein à Wurtzbourg en Bavière.

Les vins secs provenant des vignobles de terre blanche à Xéres, les premiers crus de Paxarète en Andalousie et les produits du plant appelé sercial à Madère, occupent aussi le premier rang.

Deuxième classe. — La Bourgogne, le Bordelais et la Champagne fournissent encore les meilleurs vins de France qui forment cette classe. Nous mentionnerons en Champagne, les crus d'Epernay d'Avise, de Menil et de Saint-Martin d'Ablois ; en Bourgogne les clos de la Goutte-d'Or, des Charmes, de Genevrière et de la Combotte, à Meursault ; dans le Bordelais les deuxièmes crus et les choix de troisième cru de Brasac, Preignac, Sauterne, Blanquefort, Sainte-Croix du Mont, Loupiac et Martillac.

Si les propriétaires du Languedoc et de la Franche-Comté apportaient plus de soin à la préparation et à l'entretien de leurs vins, ils pourraient lutter avec honneur contre les produits dont nous venons de parler. Le Château-Chalons, l'Arbois et le Pupillin du département du Jura, ainsi que le Saint-Peray et Saint-Jean sont fort appréciés des gourmets soit comme vins secs d'entremets soit comme vins mousseux qui couronnent les festins.

Les vins de Coudrieu du Lyonnais, de Clairac et de Buret dans l'Agenois, de Jurançon, Gan, Gelos, et Mazères au Béarn sont bien connus, tandis que les produits de Guebwiller, Thann-Mulsheim, Wolxheim, en Alsace, n'ont pas une réputation égale à leurs mérites.

L'Allemagne produit beaucoup de vins qui doivent être rangés dans la seconde classe : les Wïkert, Kostheim et Geisenheim du Duché de Nassaü, le Bingen dans le Hesse-Darmstadt, le Bacharach du Duché du Bas-Rhin, les Wurtsbourg et Salecker en Franconie, les crus de Roth, Deidesheim, Durkheim et Harxheim en Bavière, enfin les vins de Moselle récoltés à Pisport, Zeltingen, Braunenberg, Schwartzberg et Dussemond.

Dans l'empire d'Autriche on remarque le Schiracker de la Hongrie, quelques crus du Mont-Calemberg dans la Basse-Autriche et le Luttemberg en Styrie.

De ces vins qui, malgré leurs mérites transcendants, ont un cachet d'amertume, passons aux vins du midi de l'Europe dont le fond, même des vins secs est velouté : nous remarquerons le Marsalla et le Castel-Veterano en Sicile; le Rancio de Peralta en Navarre ; les meilleurs vins secs de Montilla et de Malaga, de Celleiras, Termo, Setuval et Bucellas en Portugal; le *vin d'or* du Liban ; plusieurs crus de la Morée et des îles Scopolo et Tine; les vins secs de Schiraz et d'Ispahan en Perse; les meilleurs de la vallée de Cachemire ; enfin les deuxièmes crus de Madère et les meilleurs de l'île de Ténériffe.

TROISIÈME CLASSE. La Champagne, l'Alsace produisent aussi des vins de troisième classe parmi lesquels nous signalerons les crus d'Oger et de Grauves dans le département de la Marne ainsi que les secondes cuvées des vignobles qui ont été mentionnés à la deuxième classe.

La ferme de Blagny et le Rougeot à Meursault, dans la Côte-d'Or; les côtes de Vaumorillon, des Grisées, de Pitoy, des Olivotes et de Chablis dans l'Yonne ; les crus de Pouilly et de Fuissey, département de Saône-et-Loire ; les Graves et les vins de Cadillac, d'Arbanats et de Langoiran dans la Gironde ; les premiers crus de Portet d'Aydie et de Cadillon dans le Béarn ; les vins de l'Etoile et de Quintignil, en Franche-Comté ont pour rivaux les côteaux de Saumur, le Bergerac du Périgord et les Saint-Michel-sous-Condrieu dans le département de la Loire.

Sauf les vins de Cully et de la côte de Désalés dans le canton de Vaud en Suisse, on ne récolte des vins de troisième classe, en pays étrangers, que dans les contrées qui produisent les vins de deuxième classe.

Vins de liqueurs.

PREMIÈRE CLASSE. La France dont le sol est si favorable aux vins rouges et blans secs ne produit que bien peu de vins de liqueurs ; mais ils sont de premier choix.

Celui qui tient le premier rang est le muscat de Rivesaltes. Mais la vendange est si minime que ce vin n'est connu que des gourmets, tandis que personne n'ignore le nom de Frontignan et de Lunel, où les muscats se récoltent en quantité relativement considérable. Viennent ensuite les vins de *paille* de l'Hermitage et de l'Alsace.

Le Tokay, en Hongrie, le Lacryma-Christi récolté au pied du Vésuve, le muscat rouge nommé *aleatico* et recolté à Monte-Pulcino en Toscane, les muscats blancs et rouges qu'on obtient à Syracuse en Sicile, les vins rouges de *Tinto* à Alicante et *Tintilla* en Estramadure ; les vins blancs *Malvasia* et Predo Ximenes à Xerès et à Paxarete en Andalousie et à Malaga, les vins de Cotnar en Moldavie, le Malvoisie de la Canée, dans l'île de Candie, les produits du canton de la Commanderie dans l'île de Chypre ont pour rivaux les malvoisies de l'île de Madère et les vins rouges et blancs de Schiraz en Perse et de Constance au cap de Bonne-Espérance.

Deuxième classe. Les deuxièmes crus de Frontignan et de Lunel produisent avec les vins rouges de *Grenache* que l'on fait à Banyuls Collioure et Rodez et les produits du *maccabeo* de Salces les seuls vins de liqueur de France que l'on peut admettre dans cette catégorie.

Les pays étrangers fournissent une grande quantité de vins qui luttent avantageusement contre les vins de France ; ce sont les *ausbruch* d'Oldenbourg, d'Erlau et du comté de Zemplin, de Menes et de Sirmien en Hongrie, le malvoisie de l'île de Calamota en Dalmatie ; le *vino santo* de Castiglione et de Lonato en Lombardie ; les muscats de Canelli, en Piémont, de Nasco, Giro, Tinto, Malvasia dans l'île de Sardaigne ; l'*alentico* de Lucques, de Florence et de l'île d'Elbe ; les vins rouges et blancs d'Albano ; les muscats de Montéfiascone et de Farnèse dans les Etats Pontificaux, de Sainte-Marie de Capoue et du Vésuve ; le malvoisie des îles Lipari.

On récolte, en Espagne, le *tintilla* et les muscats de Xérès ; les lacryma tinto-muscats, et Malvasia à Malaga ; les Pedro-Ximenès de Vittoria ; les Grenaches en Aragon ; les muscats de San-Lucar en Andalousie ; le malvasia de l'île de Majorque. Le Portugal produit les muscats de Séptuval et de Carcarellos en Estramadure.

Citons ensuite les vins de Piatra en Valachie et de Galistas en Macédoine, les muscats des îles de Samos, Ténédos, et de Chypre ainsi que de Smyrne en Asie-Mineure, le malvoisie de Nistra et de Malvasia en Morée, le *vino santo* de l'île de Santorin, le malvoisie de Schiraz et d'Ispahan en Perse, les muscats et les *rota* au cap de Bonne-Espérance, les muscats et les malvoisie de seconde qualité de l'île de Madère ainsi que ceux de la première qualité de Ténériffe et des îles Açores, les meilleurs vins de Passo-del-Norte et de Paras dans la Confédération mexicaine.

TROISIÈME CLASSE. Les vins de France qui peuvent être admis dans cette classe sont les muscats de Walxheim et d'Heiligenstein du Bas Rhin, les vins de *Paille* d'Argentat en Corrèze; les *Picardan* récoltés à Marseillan et à Pomerols; les vins dits de Malaga, de Madère et de Calabre que l'on récolte dans plusieurs vignobles de l'Hérault; les muscats de Beaume et les Grenaches de Mazan, département de Vaucluse; les malvoisie et les muscats rouges et blancs de Roquevaire, de Cassis et de Chotat du département des Bouches-du-Rhône; enfin les meilleurs vins de liqueurs de l'île de Corse.

En pays étrangers, nous signalerons les vins de paille de Franconie et le *Calmus* d'Aschaffenbourg, l'*ausbruch* de la Transylvanie, différents vins de liqueur d'Istrie et de Dalmatie, le *vino santo* et les muscats du Veronèse, du Vicenti et du Padouan en Autriche; le *vin aromatique* de Chiavenne, la plupart des vins de liqueurs des vignobles d'Italie cités dans la seconde classe ; les Veles-malaga, royaume de Grenade et les muscats de Fuencaral en Nouvelle-Castille et de Peralta en Navarre et de Borja en Aragon ; le malvoisie de Sitges en Catalogne et l'alicante de Valence; plusieurs produits du Portugal ; le vin cuit appelé Buza dans le pays des Lesghis en Crimée ; quelques vins de l'île de Roben au cap de Bonne-Espérance; les meilleurs vins de malvoisie dans les îles Gomère, Canarie et Palme, enfin certains produits de Zelaya et de Saint-Louis-de-la-Paz dans la Confédération mexicaine.

II

DROITS DE DOUANES EN FRANCE ET A L'ÉTRANGER.

Nous devons envisager cette question sous deux points de vue : les droits qui atteignent les vins étrangers à leur entrée en France et les lois fiscales qui frappent les productions françaises dans les pays étrangers.

Douanes françaises.

Deux tarifs bien différents sont appliqués aux

vins étrangers qui entrent en France ; le *tarif général*, qui est assez élevé, et le *tarif conventionnel* dont jouissent les pays qui ont obtenu un traité commercial.

La loi du 8 juillet 1871 établit les droits suivants ;

TARIF GÉNÉRAL. — Vins rouges et blancs non liquoreux, 5 fr. par hectol. ; vins liquoreux, 20 fr. l'hectolitre.

Les vins qui contiennent plus de 14 pour 100 d'alcool doivent payer pour les degrés supplémentaires, le droit qui frappe les eaux-de-vie.

TARIF CONVENTIONNEL. — Les pays qui ont signé un traité avec la France sont l'Angleterre, l'Allemagne, l'Autriche, la Belgique, l'Italie, les Pays-Bas, le Portugal, la Suède et la Norvège, la Suisse et la Turquie.

Les droits de douanes ne sont que de 30 cent. par hectolitre pour les vins de ces pays, qui sont importés en France; néanmoins les vins qui renferment plus de 14 pour 100 d'alcool sont soumis, pour les degrés supplémentaires, au tarif qui régit les spiritueux.

Douanes des pays étrangers.

ANGLETERRE. — En Angleterre, les vins sont soumis aux droits d'importation ci-après :

Vins contenant de l'alcool :

Moins de 14.9 degrés centésimaux	hect.	27 51
Plus de 14.9 et moins de 24 degrés centésimaux	—	68 76

La corporation de Londres perçoit sur les vins importés dans ce port un droit dit d'*Orphelin* de hect. » 52

Autriche. — En Autriche, les vins importés de l'étranger acquittent, pour toute charge, le droit de douane fixé comme suit :

Vins provenant des pays qui ont des traités avec l'Autriche	les 100 kil.	30 »
Vins provenant d'ailleurs :		
En futailles	—	52 50
En bouteilles	—	65 75

Belgique. — En Belgique, les vins sont soumis à l'importation à un droit de douane et à un droit d'accise fixés comme suit :

En cercles	Droit de douane,	hect.	» 50	H. 23 »
	Droit d'accise,	—	22 50	
En bouteilles	Droit de douane,	—	1 50	H. 24 »
	Droit d'accise,	—	22.50	

Brésil.

Vins mousseux	litre.	1 80
Vins de liqueurs,	—	» 60
Autres vins,	—	» 26

Plus des droits additionnels de 5.21 et 28 °/ₒ du montant des droits d'importation, mais ces droits sont remplacés à partir du 1er janvier 1874 par un droit de 30 °/ₒ du montant des droits d'importation.

Chili. — Vins blancs :

En futailles,	le litre.	» 75
En bouteilles.	les 12 bouteilles.	10 »
Vins rouges :		
En futailles,	le litre.	» 50
En bouteilles,	les 12 bouteilles.	7 75

Espagne. — Les vins étrangers sont soumis en Espagne aux droits d'entrée ci-après :

Vins mousseux,	litre.	1 08
Autres vins,	—	» 54

ÉTATS-UNIS. — Vins valant, l'hectolitre :

Jusqu'à 56 fr. 81,	hect.	35	51
Plus de 56 fr. 81 et jusqu'à 142 fr. 03	—	85	22
Plus de 142 fr. 03,	—	142	03
	valeur	25 °/o	

Vins de champagne et mousseux en bouteilles contenant chacune :

De 0 lit.,58 à 1 lit.,136.	12 bouteilles.	32	26
De 0 lit.,284 à 0 lit.,58.	—	16	13
Jusqu'à 0 lit.,284.	—	8	06
Plus de 1 lit. 136.	—	32	36
plus sur l'excédant de 1l,136, par bouteille,	hect.	284	07

INDES ORIENTALES ANGLAISES.

Vins de Champagne.	6 bouteilles	3	75
	ou		
	hectolitre	82	56
Autres vins	hect.	55	04

ITALIE. — Un décret du 14 juillet 1866 a fixé comme suit les droits d'entrée en Italie des vins étrangers :

Vins en outres et futailles,	hect.	5	»
Vins en bouteilles,	bouteille.	»	15

PORTUGAL. — En Portugal, les vins français sont soumis aux droits ci-après :

Droits d'importation,	hect.	31	20	hect.	32	14
Emoluments (3 °/o)	—	»	94			
Ils acquittent, en outre, à Porto un droit d'octroi de				hect.	1	79

Les charges qui pèsent sur les vins français sont donc de :

A Lisbonne,	hect.	32	14
A Porto,	—	33	93

RUSSIE. — En Russie, les vins importés acquittent pour toute charge, les droits de douane fixés comme suit :

Vins de toute pvovenance, en fûts et barils, autres que ceux dénommés ci-dessous, 100 kil. 56 16
Vins non mousseux, en bouteilles, la bouteille. 1 32
Vins mousseux, en bouteilles, — 4 »

SUISSE. — En Suisse, les vins étrangers sont soumis à un droit de douane *fédéral* de :

En bouteilles, les 100 kil. 7 »
En tonneaux, — 3 »

TURQUIE.		fr.	c.	m.
Vins en futailles, rouge et blanc,	kil.	»	04	46
Vins en bouteilles :				
De Bordeaux,	la bouteille.	»	14	38
De Champagne.	—	»	24	05

ZOLLVEREIN. — Les vins importés de l'étranger acquittent dans le Zollverein :

Quand ils proviennent de pays qui accordent au Zollverein le traitement de la nation la plus favorisée, les 100 kil. 20 »
Quand ils proviennent d'ailleurs, — 30 »

DROITS D'ENTRÉE DES VINS ET SPIRITUEUX

A PARIS.

Vins.

(par hectolitre).

En fût	Octroi	10 »
	Trésor	9 50
	Double décime d'octroi	2 »
	Double déc. 1/2 du Trésor	2 37
	Total	23 87
En bouteilles	Octroi	17 »
	Trésor	15 »
	Double décime d'octroi	3 40
	Double déc. 1/2 du Trésor	3 75
	Total	39 15

Spiritueux.

(par hectolitre).

En cercle	Octroi	66 50
	Trésor	149 »
	Double décime d'octroi	13 30
	— — du Trésor	29 80
	Total	258 60
En bouteilles	Octroi	66 50
	Trésor	199 »
	Double décime d'octroi	13 30
	— — du Trésor	39 80
	Total	318 60

FIN.

TABLE DES MATIÈRES.

Paris. — E. DE SOYE et FILS, imprimeurs, place du Panthéon, 5.

L'AQUITAINE

LIQUEUR HYGIÉNIQUE.

La composition de cette Liqueur est un secret de la famille LEKIME VAN DER HORST, dont l'un des membres est fondateur et directeur de l'œuvre des Orphelinats, créés en faveur des enfants abandonnés.

Pendant quelque temps, la sympathie publique et un dévouement sans bornes ont suffi aux immenses besoins de ces pauvres enfants; mais le nombre augmentant chaque jour et le travail et l'industrie devant amener des résultats plus salutaires, la Direction a fait abandon en faveur de l'Orphelinat et à son profit, du précieux secret de cette liqueur.

L'Académie de Médecine de Paris l'a appréciée et le docteur Vincenti a obtenu avec elle les meilleurs résultats.

Ce précieux tonique, de l'aveu de nos premiers corps savants, est propre à combattre la dyspepsie et les maladies nerveuses de l'estomac. Il se recommande aussi par son goût exquis, ses propriétés stomachiques, apéritives et digestives: sa base spiritueuse est composée de cognac fine champagne; le consommateur l'a accueillie avec une très-grande faveur.

Un grand nombre de généraux et de hauts fonctionnaires ont pris sous leur patronage cette œuvre charitable.

S'adresser à M. LEKIME, à La Tresne (Gironde), ou rue de la Concorde, 2, à Bordeaux.

Je, soussigné, Vincenti Vincent, ancien major aux Zouaves pontificaux et chirurgien en chef à l'hôpital militaire du Saint-Esprit, à Rome, membre de l'ordre de Pie IX et de celui de Saint-Grégoire-le-Grand, certifie que la liqueur fabriquée par l'orphelinat des enfants abandonnés de Paris, de l'Alsace et de la Lorraine, m'a rendu service dans la dyspepsie en général et agit souvent avec une promptitude surprenante pour réveiller l'appétit.

En foi de quoi, je délivre le présent certificat.

Paris, le 14 juillet 1872.

Dr VINCENTI.

LE SIROP DE LA SÈVE DE PIN.

La science et la pratique médicales sont unanimes à reconnaître les avantages du Sirop de sève de Bourgeons de Pin, préparé avec toutes les précautions que nécessite ce médicament

La Sève de bourgeons de Pin contient tous les principes, tant actifs qu'essentiels de cet arbre. Cette circonstance précieuse facilite les moyens de réunir sous un faible volume les propriétés salutaires d'un arbre dont la réputation médicale est justement acquise.

Cette sève renferme des éléments azotés et carbonés, éléments qui constituent en grande partie la base de l'huile de foie de morue, de ce médicament si universellement prôné et si nauséabond, qu'on a cherché à lui substituer l'iode et ses préparations. Mais l'iode est un altérant dont l'usage longtemps continué n'est pas sans inconvénients pour la santé. Le Sirop de Sève de Pin est un succédané plus naturel et plus logique de foie de morue. Parfaitement toléré par les estomacs les plus irritables et les plus délicats, il remplace l'huile avantageusement, puisque sous une autre forme, et avec une saveur plus agréable, le malade prend des éléments semblables.

Appelé un jour à remplacer l'huile de foie de morue, le Sirop de Sève de Pin concentré trouve naturellement son emploi dans toutes les maladies : phthisie, consomption, etc., où cette huile était usitée.

La pâte est surtout recommandée aux personnes dont les occupations ne permettent pas de prendre le sirop plusieurs fois par jour. Cependant son emploi ne saurait remplacer l'usage du sirop de bourgeons de Pin, dont les avantages sur les autres préparations de Sève de Pin sont reconnus depuis de longues années.

S'adresser à M. LEKIME VAN DER HOST, à la Tresne (Gironde).

MAISONS D'ACHATS
AUX VIGNOBLES

VINS DE BOURGOGNE

M. EMONIN BOILOT, commissionnaire en vins, à Volnay (Côte-d'Or).

Achats à la commission pour compte de négociants, tant dans la côte de Beaune que dans la côte de Nuits.

M. Emonin-Boilot se charge des soutirages, du conditionnement et au besoin de l'achat des fûts.

VINS DU MACONNAIS ET DU BEAUJOLAIS.

M. GEOFFROY, propriétaire et négociant, à Lantignié, près Beaujeu (Rhône).

VINS DU MIDI

M. PEYRE, propriétaire et négociant en vins à Vinassan, par Narbonne (Aude).

S'occupe d'achats pour compte de tiers.

Il expédie aussi aux particuliers pour son compte personnel lorsque l'ordre dépasse 2 hectolitres.

VINS DU BORDELAIS

M. CHATEAUNEUF, commissionnaire en vins, à Pauillac, Haut-Médoc (Gironde).

Placé au centre du Médoc, M. Châteauneuf se charge des achats des vins de Margaux, de Saint-Julien, Saint-Estèphe et des vins du Bas-Médoc.

M. Chasteauneuf tient aussi l'*hôtel de France* sur la place de Pauillac.

M. J. L. MARCHANT, commissionnaire en vins, à Libourne (Gironde).

Achats à la commission des vins de toutes qualités de la région. — Vente à forfait, — expédition directe de chez le propriétaire récoltant, — envoi d'échantillons.

Saint-Emilion, Puisseguin, Côtes-Fronsac, Côtes-Bourg, Palus et Bonnes côtes, Entre-deux-Mers.

L'ÉCONOMISTE VINICOLE

REVUE BI-MENSUELLE

RÉDACTEUR EN CHEF : **J. GONDRY DU JARDINET.**

Prix : 5 francs par an

Le succès toujours croissant de cette publication et le nombre de ses abonnés qui était déjà si considérable lorsque la direction du Journal se trouvait à Bruxelles où il a été fondé et où il acquit rapidement une grande importance, non-seulement chez les négociants, mais aussi chez les riches consommateurs, à cause de son prix peu élevé ; ce succès a pris un nouvel essor depuis que la rédaction a été transférée à Paris, où le centre d'action est plus vaste, puisqu'il rayonne à la fois dans les deux pays.

Succès oblige : aussi s'efforce-t-on d'apporter le plus grand soin au choix des articles, des études et des communications que fournissent des correspondants dont on connaît depuis de longues années la sûreté d'appréciation.

L'économiste vinicole résout le difficile problème de donner de nombreux et utiles renseignements à bon marché.

S'adresser pour la rédaction et l'administration : rue Gay-Lussac, 48, à Paris et rue Montagne des Aveugles, 15, à Bruxelles (Belgique).

Paris. — E. DE SOYE et FILS, imprimeurs, place du Panthéon, 5.

www.ingramcontent.com/pod-product-compliance
Ingram Content Group UK Ltd.
Pitfield, Milton Keynes, MK11 3LW, UK
UKHW012208240726
13966UKWH00002B/649

9 782011 931764